普通高等教育"十四五"规划教材

高职高专剧情式教学系列教材

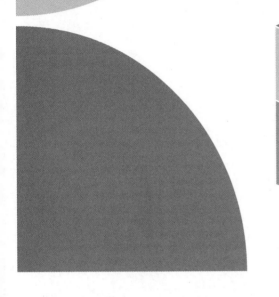

计算机应用基础

董中杰　主编

王策　副主编

剧情化

动漫化

角色化

配有同步讲解动画视频

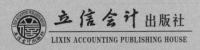

立信会计出版社

LIXIN ACCOUNTING PUBLISHING HOUSE

图书在版编目(CIP)数据

计算机应用基础 / 董中杰主编. —上海：立信会
计出版社，2023.3
ISBN 978 - 7 - 5429 - 7025 - 1

Ⅰ.①计… Ⅱ.①董… Ⅲ.①电子计算机—教材
Ⅳ.①TP3

中国国家版本馆 CIP 数据核字(2023)第 039296 号

策划编辑 　王悠然
责任编辑 　郭 　光
助理编辑 　郑文婧

计算机应用基础
JISUANJI YINGYONG JICHU

出版发行	立信会计出版社		
地　　址	上海市中山西路 2230 号	邮政编码	200235
电　　话	(021)64411389	传　　真	(021)64411325
网　　址	www.lixinaph.com	电子邮箱	lixinaph2019@126.com
网上书店	http://lixin.jd.com		http://lxkjcbs.tmall.com
经　　销	各地新华书店		

印　　刷	上海华业装璜印刷有限公司	
开　　本	787 毫米×1092 毫米	1/16
印　　张	15.25	
字　　数	297 千字	
版　　次	2023 年 3 月第 1 版	
印　　次	2023 年 3 月第 1 次	
书　　号	ISBN 978 - 7 - 5429 - 7025 - 1/T	
定　　价	49.00 元	

如有印订差错，请与本社联系调换

序言
Preface

　　随着信息技术的不断发展，计算机已经成为人们工作、学习和生活的基本工具，与计算机相关的各个领域也不断推陈出新，引领各行各业的变革。为了适应技术的发展以及高职教学内容的改革，满足高技能应用型人才对计算机应用基础课程的学习需求，编者将计算机应用技术发展的新动态与长期积累的教学和企业培训经验进行了深度融合，采用理论与案例相结合的方式组织本书内容。本书着眼学生的实操能力，立足案例的实用性，注重理论与实践相结合，倡导以学生为本的教育理念，帮助学生由浅入深、循序渐进地掌握计算机基本操作技能。

　　本书共分为5章，分别介绍了计算机基础知识，Windows 7操作系统，Word 2013、Excel 2013、PowerPoint 2013的操作与应用。本书各章节重点明晰，案例选取具有代表性，均以企业实际需求为导向，以培养学生能力为核心，突出实用性和可操作性。本书在每个章节后都精心设置了综合训练题目，作为课堂学习的补充和强化，以提高和强化学生的理论水平及操作技能。

　　本书由董中杰任主编，负责全书的规划、统稿、审稿；由王策任副主编，负责资料收集整理、初审、修改及补充等工作。各章节编写分工情况如下：第一章、第二章由王策编写，第三至第五章由董中杰编写。

　　本团队在写作过程中，进行了充分的调研，搜集了大量的资料，但本书内容仍可能存在疏漏或不足之处，恳请广大读者和学界专家批评指正。

编者

2023年3月

目录
Contents

第一章

计算机基础知识

计算机的出现和发展,给人们的生活带来了前所未有的变革,计算机的应用已经成为促进经济增长、维护国家利益和实现社会可持续发展的重要手段。本章从计算机发展历史、计算机系统组成、计算机硬件组装和计算机信息的表示形式等方面对计算机进行介绍。通过本章的学习,读者能够对计算机有基本的认识和了解。

一、计算机的前世今生

计算机也称电脑,是一种用于高速计算的电子计算机器,可以进行数值计算、逻辑计算,还具有存储记忆功能,是能够按照程序自动、高速地处理海量数据的现代化智能电子设备,是二十世纪人类最伟大的科学技术发明之一。

(一) 计算机始祖——ENIAC

1946 年 2 月 15 日,世界上第一台计算机——ENIAC 在美国诞生。ENIAC 长 30.48 米,宽 6 米,高 2.4 米,占地面积约 170 平方米,共有 30 个操作台,重达 28 吨,造价 48 万美元。其中包含了 17 468 根真空管,7 200 根水晶二极管,1 500 个中转器,70 000 个电阻器,10 000 个电容器,1 500 个继电器,6 000 多个开关。ENIAC 每秒执行 5 000 次加法或 400 次乘法,是手工计算速度的 20 万倍。

知识点1——计算机的前世今生

(二) 计算机的发展

从第一台计算机诞生到现在,组成计算机的逻辑部件发生了重大变化。

第一代(1946—1958 年)——逻辑部件为电子管的电子管计算机。它体积大,功耗高,可靠性差,成本高,维护困难,计算速度慢,存储容量小。

第二代(1959—1964 年)——逻辑部件为晶体管的晶体管计算机。相较于第一代电子管计算机,它体积缩小,功耗降低,重量减轻,可靠性增强,计算速度加快,存储容量提高。

第三代(1965—1970 年)——逻辑部件为集成电路的集成电路计算机。集成电路把晶体管、电阻、电容、电子线路集成在一块芯片中。第三代计算机体积更小,重量更轻,耗电更少,寿命更长,成本更低,计算速度更快,存储容量更高。

第四代(1971 年至今)——大规模、超大规模集成电路计算机。第四代计算机依然大体遵循摩尔定律,并有发展逐渐加速的趋势。

第五代——有目标,未实现。第五代计算机是将信息采集、存储、处理、通信与人工智能相结合的智能计算机系统,目前仍处在探索、研制阶段。

计算机的发展历程如表 1-1 所示。

表 1-1　计算机的发展历程

时间	第一代 1946—1958 年	第二代 1959—1964 年	第三代 1965—1970 年	第四代 1971 年至今	第五代 未实现
逻辑元件	电子管	晶体管	集成电路	大规模、超大规模集成电路	将信息采集、存储、处理、通信与人工智能相结合的智能计算机系统
主存	延迟线或磁鼓	磁芯	半导体存储器	超大规模集成电路	
软件	机器语言	高级语言; 有了操作系统雏形	高级语言发展; 操作系统发展; 多用户分时操作系统	软、硬件更多结合; 多媒体软件; 网络操作系统	
应用	以科学计算为主,应用范围有限	以数据处理为主,并用于过程控制	数据处理、科学计算; 办公、工厂自动化; 家电、企业管理	进入网络时代,应用领域进一步拓宽,出现了微机,使计算机普及成为可能。推动信息社会飞速发展	

1965 年,Intel 公司创始人之一的戈登·摩尔预言,集成电路中的晶体管数每隔 18 个月将翻一番,芯片的性能也随之提高一倍。计算机的发展历史充分证实了这一定律,随着制造工艺的进步,计算机芯片的集成度越来越高,出现了使用至今的第四代计算机。

1971 年,Intel 公司创造性地将运算器和控制器集成到单一芯片上,并称其为微处理器,世界第一款微处理器 Intel 4004 诞生了。从此,使用微处理器的计算机被称为微型计算机,我们平时见到及使用的计算机多数属于微型计算机。

(三) 计算机三个重要的设计思想

美籍匈牙利数学家冯·诺伊曼最先提出程序存储的思想,并成功将其运用在计算机的设计中,由于其对现代计算机的贡献,冯·诺伊曼又被称为"计算机之父"。

冯·诺伊曼提出的计算机三个重要的设计思想如下:

(1) 计算机由运算器、控制器、存储器、输入设备和输出设备五个基本部分组成。

(2) 采用二进制形式表示计算机的指令和数据。

(3) 将程序和数据存放在存储器中,并让计算机自动执行程序,这就是"存储程序"思想的基本含义。

(四) 计算机的特点

计算机是一种可以进行自动控制、具有记忆功能的现代化计算器及信息处理工具,具有以下特点。

1. 运算速度快

运算速度是指计算机每秒能处理的指令条数,是衡量计算机性能的一项重要指标,一般用"百万条指令/秒"来描述,即每秒钟执行 100 万条指令。目前顶尖超级计算机的运算速度已经达到每秒一万亿次,同时不要小看你的小型计算机,最新生产的小型计算机运算速度可以达到每秒几亿亿次。

2. 计算精度高

以圆周率 π 的计算为例,历代科学家采用人工计算只能算出小数点后 500 位,2021 年,使用计算机已经算出 62.8 万亿位圆周率数字。

3. 存储容量大

随着制造技术的提升,计算机中的存储器能够对各类文字、图像、声音、视频等数据进行海量存储。一台电脑可以存储一个图书馆的书籍和文献资料。

4. 逻辑判断能力强

计算机可以对数据进行分析、比较,进行各种基本的逻辑判断,并根据判断的结果自动决定执行的命令,从而求解各种复杂的计算任务,实现自动控制。

5. 自动化程度高

计算机从开始工作到得出计算结果,整个工作过程都在计算机程序的控制下自动进行,不需人工干预。

(五) 计算机的应用领域

计算机的应用领域早已渗透到社会工作、生活的各个角落。

1. 科学计算

科学计算是指利用计算机解决科学研究和工程技术中所提出的数学问题。在美国阿伯丁弹道研究实验室诞生的世界上第一台计算机——ENIAC,其设计初衷就是为了计算炮弹弹道。

2. 数据处理

数据处理是指对各种数据进行收集、存储、整理、分类、统计、加工、利用、传播等一系列活动的统称,这也是当前计算机最广泛应用的领域。

数据处理从简单到复杂经历了三个发展阶段:

(1) 以文件系统为手段,实现一个部门内单项管理的电子数据处理阶段(EDP)。

(2) 以数据库技术为工具,实现一个部门全面管理,从而提高工作效率的管理信息系统阶段(MIS)。

(3) 以数据库、模型库和方法库为基础,帮助决策者提高决策水平,改善运营策略正确性和有效性的决策支持系统(DSS)。

3. 过程控制

过程控制是指计算机及时采集监测数据,按最佳方法迅速地对控制对象进行自动控制或自动调节,这在工厂自动化流水线上很常见。

4. 计算机辅助系统

计算机辅助设计(CAD)、计算机辅助教学(CAI)、计算机辅助制造(CAM)、计算机辅助测试(CAT)、计算机集成制造系统(CIMS)等系统,已是各自使用环境中的成熟应用。

5. 人工智能

人工智能(AI)是指计算机模拟人的意识的思维过程和智能活动。具有代表性的有:

(1) 机器人。机器人可以替代人进行某些工作,或具备感知识别能力,甚至与人对话。

(2) 专家系统。如医疗专家系统模拟医生分析病情,开出药方。

(3) 模式识别。模式识别主要研究图形识别和语音识别,通过识别函数和模式校对,将采集特征与预留特征进行比较与判断。

(4) 智能检索。在传统检索的基础上,其具有一定的推理能力。

6. 网络应用

计算机网络应用不但解决了任意地点间计算机与计算机之间的通信,同时也实现了不同地区的计算机之间软、硬件的资源共享。

7. 多媒体技术应用

多媒体技术应用融计算机、声音、文本、图像、动画、视频和通信等多种功能于一体,是新一代电子技术发展和竞争的焦点。

二、计算机系统的组成

完整的计算机系统由硬件系统和软件系统共同组成。硬件系统是指构成计算机系统的物理实体,主要由各种电子部件和机电装置组成;软件系统是指为计算机运行提供服务的各种计算机程序和全部技术资料。计算机硬件是构成计算机系统的物质基础,而计算机软件是计算机系统的灵魂,两者相辅相成,缺一不可。

知识点2——
计算机系统
的组成

(一) 计算机的硬件系统

计算机硬件系统的基本功能是接受计算机程序,并在程序的控制下完成数据输入、数据处理和结果输出等任务。计算机硬件系统的组成如图 1-1 所示。

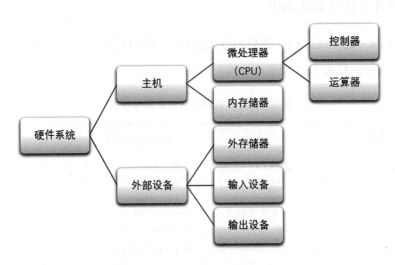

图 1-1　计算机硬件系统的组成

当前使用的各种型号的计算机均属冯·诺伊曼结构计算机,主要由控制器、运算器、存储器、输入设备和输出设备五大部分组成。

1. 控制器

控制器是整个计算机的指挥中心,由它从存储器中取出程序的控制信息,经过分析后,按照要求给其他部分发出控制信号,使各部分能够协调一致地工作。

2. 运算器

运算器是一个"信息加工厂"。大量数据的运算和处理工作就是在运算器中完成的。其中的运算主要包括基本算术运算和基本逻辑运算。

3. 存储器

存储器是计算机中用来存放程序和数据的地方,并根据指令要求提供给有关部分使用。计算机中的存储器实际上是由主存储器(内存储器)、辅助存储器(外存储器、包括硬盘、软盘、光驱等)和高速缓冲存储器(Cache)组成的存储系统。

4. 输入设备

输入设备的主要作用是把程序和数据等信息输入到计算机中并转换成计算机所能识别的二进制代码,并按顺序送往内存,它是重要的人机接口。常见的输入设备有键盘、鼠标、扫描仪、摄像头等。

5. 输出设备

输出设备的主要作用是把计算机处理的数据、计算结果等内部信息按人们要求的形态输出。常见的输出设备主要有显示器、打印机、绘图仪等。

(二) 硬件系统的物理硬件

在了解了冯·诺伊曼结构计算机的五大部件后,我们具体认识一下组成完整计算机硬件系统的物理硬件,如表 1-2 所示。

表 1-2　计算机硬件系统的物理硬件

物理硬件名称	物理硬件功能
中央处理器（CPU）	中央处理器 CPU 也叫微处理器,是一块高度集成化的芯片,由运算器和控制器组成,是整个微型计算机运算和控制的核心部件
主板	主板是计算机系统中最大的一块印刷电路板,板面上有各类型插槽、芯片、电阻、电容等,负责作为其他硬件设备的载体或连接通道,计算机在正常运行时对系统内存、存储设备和其他 I/O 设备的操控都必须通过主板来完成
内存储器（内存）	内存是微型计算机的数据存储中心,主要用来存储程序及待处理的数据,可与 CPU 直接交换数据
硬盘	硬盘也叫硬盘驱动器,是计算机主要的存储媒介之一,由一个或者多个铝制、玻璃制的碟片组成,碟片外覆盖有铁磁性材料
光驱	光驱也叫光盘驱动器,是计算机中读写光碟内容的机器
显示卡	显示卡是计算机进行数模信号转换的设备,承担输出显示图形的任务。显卡接在计算机主板上,它将计算机的数字信号转换成模拟信号通过显示器显示,同时显卡还具有图像处理能力,可协助 CPU 工作,提高整体的运行速度
声卡(音频卡)	声卡是多媒体技术中最基本的组成部分,是实现声波/数字信号相互转换的一种硬件

(续表)

物理硬件名称	物理硬件功能
机箱	机箱作为计算机配件中的一部分,它起的主要作用是放置和固定各计算机配件,起到承托和保护作用。此外,计算机机箱具有屏蔽电磁辐射的作用
电源	电源也称电源供应器,它提供微机中所有部件所需要的电能
显示器	显示器是属于计算机的 I/O 设备,即输入输出设备。它是一种将一定的电子文件通过特定的传输设备显示到屏幕上再反射到人眼的显示工具
鼠标	鼠标的标准称呼是鼠标器,英文名"Mouse",鼠标的使用是为了使计算机的操作更加简便快捷,来代替键盘繁琐的指令
键盘	键盘是最常用也是最主要的输入设备,通过键盘,可以将英文字母、数字、标点符号等输入到计算机中,从而向计算机发出命令、输入数据等
音箱	音箱是计算机整个音响系统的终端,其作用是把音频电能转换成相应的声能,使人听到电脑发出的声音
打印机	打印机是计算机的输出设备之一,用于将计算机处理结果打印在相关介质上

(三) 计算机的软件系统

软件是计算机运行的各种程序、数据及相关的各种技术资料的总称。计算机系统是在硬件"裸机"的基础上,通过一层层软件的支持,向用户提供一套功能强大、操作方便的系统。计算机软件系统的组成如图 1-2 所示。

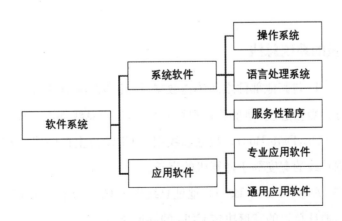

图 1-2　计算机软件系统的组成

计算机软件按其层次不同可分为系统软件和应用软件。

系统软件是计算机设计者或厂商提供的使用和管理计算机的软件,通常包括操作系统、语言处理系统、服务性程序等。应用软件则是为了解决各类实际问题而设计的软件程序,因为种类繁多,大致可分为专业应用软件和通用专业软件。

1. 操作系统

操作系统(OS)是对计算机全部软、硬件资源进行控制和管理的大型程序,是直接运行在裸机上的最基本的系统软件。操作系统主要包括作业管理、进程和处理器管理、存储管理、设备管理、文件管理五个方面的功能。后面课程中将要学习的 Windows 7 系统,就是目前微型计算机广泛使用的 Windows 系列操作系统中的具有代表性的一款。

2. 语言处理系统

不同国家的朋友交流时,需要统一的语言,人机交互时,同样需要共同理解的语言。由于计算机只认识机器语言,所以使用其他语言前都必须先经过语言处理程序的翻译,才能使计算机接受并执行,不同的语言有不同的翻译程序。

3. 服务性程序

常用服务性程序是指一些通用的工具类程序,主要包括编辑程序、连接装配程序、测试诊断程序等,这些程序能够方便用户使用和维护管理计算机。

4. 应用软件

从使用角度上来看,用户并不是直接对硬件进行操作,而是通过应用软件对计算机进行操作,应用软件也不能直接对硬件进行操作,而是通过系统软件对硬件进行操作。使用专业应用软件与通用专业软件的用户不一样,相较而言,专业应用软件是某一些相对特殊领域所使用的软件,开发目的性、指向性明确;通用应用软件就是大家都会使用的软件。

(四) 计算机的系统总线

系统总线是 CPU 与其他部件之间传送数据、地址和控制信息的公共通道。根据传送内容的不同,可分为数据总线、地址总线和控制总线,每组总线都由多根导线组成。

(1) 数据总线(DB,Data Bus)。数据总线用于 CPU 与主存储器、CPU 与 I/O 接口之间传送数据,数据总线的宽度等于计算机的字长。

(2) 地址总线(AB,Address Bus)。地址总线用于 CPU 访问主存储器或外部设备时,传送相关的地址,地址总线的宽度决定 CPU 的寻址能力。

(3) 控制总线(CB,Control Bus)。控制总线用于传送 CPU 对主存储器和外部设备的控制信号。

三、计算机的主要硬件

计算机的硬件系统由主机和外部设备共同组成,种类繁多,功能不一,性能迥异,对硬件的选择、搭配及其性能参数的学习是电脑初学者比较棘手的地方。在众多硬件设备中,中央处理器、主板、内存和硬盘对电脑性能影响最大,现在我们就来着重认识下这些硬件。

知识点3——
计算机的主
要硬件

(一) 中央处理器

中央处理器英文简称 CPU,又称为微处理器,是计算机硬件系统的核心部件,也是整个计算机的控制指挥中心,主要完成各类运算和控制协调工作。

中央处理器的内部结构由三部分组成:

(1) 控制单元。控制单元是整个 CPU 的指挥控制中心,它主要负责读取指令、解码指令、执行操作和存储结果等一系列工作。

(2) 逻辑单元。逻辑单元是能实现多组算术运算和逻辑运算的组合逻辑电路。

(3) 存储单元。存储单元主要是指 CPU 中的寄存器,它们可直接参与运算并存放运算的中间结果。

CPU 的工作过程事实上就是 CPU 逻辑结构中各部件之间的协同与配合。CPU 是一个不断重复读出数据、处理数据和写入数据这三项基本工作的工厂,有条不紊地执行着由应用程序送来的源源不断的无数指令。

2007 年,Intel 公司正式提出发展微处理器芯片设计制造业务"Tick-Tock"战略模式。即每一次处理器微架构的更新和每一次芯片制程的更新遵循"Tick-Tock"规律。"Tick"代表微架构的处理器芯片制程的更新,而"Tock"代表着在上一次"Tick"的芯片制程的基础上,更新微处理器架构提升性能。一般一次"Tick-Tock"的周期为两年,"Tick""Tock"各占一年。

CPU 主要性能指标,如表 1-3 所示。

表 1-3　CPU 主要性能指标

CPU 性能指标	指标意义
字长	CPU 一个时钟周期内处理二进制数据的位数即为字长。随着 CPU 字长的增加,一个时钟周期内 CPU 处理的数据随之增多

(续表)

CPU 性能指标	指标意义
主频	CPU 运行的时钟频率。一般来说,主频越高,同一时钟周期内能完成的指令越多,CPU 运算的速度越快
外频	表示 CPU 与主板之间同步运行的速度
倍频	表示 CPU 的主频与外频之间的倍数

(二) 主板

从物理结构角度来看,计算机主板是计算机硬件的主体,其他硬件都是围绕主板安装和连接的。

主板上留有为各种硬件相连所需的接口插槽,其中最重要的物理接口是 CPU 插座。围绕 CPU 插座并与之相连的有北桥芯片、南桥芯片和内存插槽。外层各类型接口主要有 PCI-E 插槽、SATA 接口、输入/输出系统接口、电源接口等。主板上各个主要接口的名称、功能及使用要点,如表 1-4 所示。

表 1-4　主板上各个主要接口的名称、功能及使用要点

接口名称	接口功能和使用要点
CPU 插座	主板上用于安装 CPU 的插座
内存插槽	主板上用于安装内存的插槽,一般有两个内存插槽,如要组成内存双通道,提高内存性能,需要将两条内存放入相同颜色插槽中使用
北桥芯片	北桥芯片也叫主桥,负责硬件系统中高速设备的连通,所以布局上距离 CPU 插座和内存插槽较近
南桥芯片	主要负责硬件系统中低速设备及输入输出系统的连通
SATA 接口	串口硬盘及光驱接口
PCI-E16X(16 速)接口	取代传统的 AGP 接口,作为主板连接显卡的接口

主板的各类接口连接着不同的硬件设备,分别有着不同的传输速度,它们由快到慢依次为:

(1) 作为新型显卡接口的 PCI-E 16X(16 速)接口。

(2) 已被淘汰的传统显卡接口 AGP 8X(8 速)接口。

(3) 串口硬盘接口 SATA 3.0 接口。

（4）外接设备主要接口 USB3.0 接口。

（5）内部扩展接口 PCI 接口。

当前市场主板的结构主要有三种，即 ATX 结构、MATX 结构和 ITX 结构。它们大小不一，但功能区别并不大。结构相对复杂的 ATX 结构主板，各类扩展插槽更多，扩展功能较强。

（三）内存

内存由只读存储器（ROM）和随机存储器（RAM）共同组成。生活中我们常说的内存，主要是由 RAM 组成的。

内存的主要性能指标：

（1）容量，内存的容量主要是指 RAM 的容量，一般情况下，内存越大，性能越好。

（2）主频，内存所能达到的最高工作频率，频率越高，性能越好。

（3）存取周期，存取周期越短，运行速度就越快。

（4）电压，即内存的工作电压，随着制造工艺的提升，呈逐代下降趋势。

（5）延迟，即内存存取数据所需的延迟时间。

（四）硬盘

硬盘是当前制约计算机系统整体性能提升的硬件设备，而当前硬盘的发展正处于分水岭。一种是代表传统的 HDD 硬盘，它有强大的数据存储能力，较好的单位存储空间性价比，然而受限于自身的存储原理和机械部件，存取速度较慢。另一种是崛起的固态硬盘 SSD，它摒弃了传统的机械部件，存取速度上有了大幅度提高，然而容量较小，价格较高。

HDD 硬盘按尺寸分类可分为 3.5 英寸硬盘、2.5 英寸硬盘、1.8 英寸硬盘和 1 英寸硬盘。3.5 英寸硬盘主要作为台式机硬盘使用，2.5 英寸硬盘更多地用于笔记本电脑和移动硬盘。

硬盘按接口类型分类可分为四种：传统并口硬盘接口 PATA 接口、新型串口硬盘接口 SATA 接口、小型计算机系统接口 SICI 接口、新一代串行连接 SICI 接口的 SAS 接口。

硬盘的性能指标主要有容量、转速、缓存、MTBF 等，容量越大，存储的数据就越多；转速越高，数据传输的速度就越快。它们是有机的整体，任何单一指标都无法独立诠释硬盘的真正性能。

以上硬件设备对于完整的计算机系统是不可或缺的，正是由于它们的协同工作，才使计算机系统稳定、高效地运行，为人类服务。

知识点 4——计算机的硬件组装

四、计算机主机的安装

计算机的硬件组装,尤其是主机箱内硬件的组装在很多人眼里充满了神秘感,令人望而却步。实际上,在硬件设备集成度不断提高、接口标准化日趋成熟的今天,熟练识别计算机内重要的硬件设备,再加以适当的操作训练,每个人都可以独立完成计算机的硬件组装。

样例展示,台式机安装后示意图如图 1-3 所示。

步骤 1 装机前需准备的工具:尖嘴钳、十字解刀、美工刀、剪子、硅脂、扎带。

步骤 2 洗手防静电。身上的静电极有可能会对计算机的硬件造成损坏,装机前洗手可以有效防止静电。

步骤 3 安装 CPU 处理器。

(1)主板上有 LGA 775 处理器的插座,在安装 CPU 之前,我们要先打开插座,用适当的力向下微压固定 CPU 的压杆,同时用力往外推压杆,使其脱离固定卡扣,如图 1-4 所示。

图 1-3 台式机安装后示意图　　　图 1-4 压杆脱离固定卡扣

(2)将压杆拉起,并将固定处理器的盖子与压杆反方向提起露出插座。在安装 CPU 时注意不要装反,注意 CPU 上面的防呆提示(处理器上印有三角标识的角要与主板印有三角标识的角对齐),如图 1-5 所示。

(3)扣上扣具,用力压,扣上即可。如果上一步操作没有成功,会损坏 CPU 针脚。

(4)涂抹硅脂。硅脂要均匀涂薄,涂至大约一张纸片的厚度,涂抹太厚就会阻碍散热,如图 1-6 所示。CPU 封装外壳上有很多看不见的凹凸,硅脂的主要用途就是填充这些凹凸,让 CPU 更好地接触散热器。涂抹时最好戴上指套,这样涂抹均匀,防止有气泡。

图 1-5 根据三角标识放置 CPU   图 1-6 散热硅脂涂抹

步骤 4 安装散热器。

(1)安装散热器要对准主板上的 4 个孔装上,主板的背面也要装到位,如图 1-7 所示。

(2)固定好散热器后,我们还要将散热风扇接到主板的供电接口上,如图 1-8 所示。找到主板上安装风扇的接口(主板上的标识字符为 CPU_FAN),将风扇插头插好即可。由于主板的风扇电源插头都采用了防呆式的设计,反方向无法插入,因此安装起来相当方便。

图 1-7 散热器的四角对准主板   图 1-8 接风扇电源接口

步骤 5 安装内存条。内存条上面都设计有防呆标识,对准缺口避免插错。如需组建双通道,那两根内存就要插在同一种颜色的插槽上,如图 1-9 所示。装内存条时先把插槽两边的扣具掰开,把内存条垂直装上,均匀用力往下按压,用两个拇指按压内存两端,直到两边的扣具自动扣上,听到"啪"的一声即说明内存安装到位,如图 1-10 所示。切不可前后晃动内存条,避免内存条损坏。

图 1-9　内存插槽

图 1-10　安装内存

步骤 6　安装主板。

（1）机箱内的铜螺丝需全部安装。如果安装不当，时间长了会导致主板变形或在拆装中断裂，如图 1-11 所示。

（2）安装主板端口挡板。由于各主板端口位置不同，所以需要先安装端口挡板，如图 1-12 所示。

图 1-11　安装主板固定螺丝

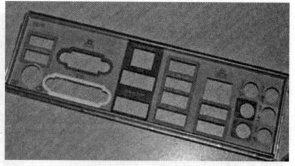

图 1-12　安装主板端口挡板

（3）在机箱内安装主板。用双手平行托住主板，将主板放入机箱中，如图 1-13 所示。在调整主板时注意下面的铜柱，不要损坏主板。我们可以通过机箱背部的主板挡板来确定机箱是否安放到位，注意螺丝要以对角成组拧紧，避免主板受力不平衡。

步骤 7　安装硬盘（SSD）。安装硬盘的时候注意硬盘要对准前置风扇的位置，这样有利于硬盘散热，如图 1-14 所示。将机箱托架前的面板拆除，然后将硬盘固定在托架上，拧紧螺丝固定即可，硬盘要放稳不要有抖动，否则很容易损坏。

图1-13 安装主板

图1-14 安装硬盘

步骤8 光驱和电源安装。

（1）安装光驱的方法与安装硬盘的方法大致相同，对于普通的机箱，我们只需要将机箱托架前的面板拆除，并将光驱装入对应的位置，拧紧螺丝即可。但还有一种抽拉式设计的光驱托架，这种光驱设计比较方便，在安装前，我们先要将类似抽屉的托架安装到光驱上，如图1-15所示。然后像推拉抽屉一样，将光驱推入机箱托架中，如图1-16所示。机箱安装到位，需要取下时，用两手按住两边的簧片，即可拉出，简单方便。

图1-15 将托架安装到光驱上

图1-16 将光驱推入机箱托架中

（2）机箱电源的安装。安装方法比较简单，我们只需将机箱电源放入指定位置后拧紧螺丝即可；然后，将其供电插头插入主板供电插口，此插口做了防呆设计，一般不会倒插。

步骤9 安装显卡。目前，PCI-E显卡已淘汰AGP成为市场的主力军，PCI-E显卡如图1-17所示。安装显卡前要把机箱后的挡板拆掉，轻握显卡两端，垂直对准主板上的显卡插槽，向下轻压到位后，再用螺丝固定即完成了显卡的安装过程，如图1-18所示。

图 1-17　主板上的 PCI-E 显卡插槽

图 1-18　安装显卡

步骤 10　安装各种线缆。

（1）主板供电安装。只需要将电源中相应的接线接入即可，如图 1-19、图 1-20 所示。

图 1-19　主板电源线

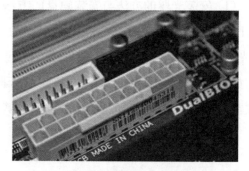

图 1-20　主板电源接口

（2）CPU 风扇供电安装。部分产品采用 4 针的加强供电接口设计，高端产品使用 8PIN 设计，以提供 CPU 稳定的电压供应，如图 1-21 所示。

（3）硬盘供电安装与数据线接口。硬盘电源线有防呆接口，反方向无法插入，如图 1-22 所示。红色为数据线，黑黄红颜色交叉的是电源线，安装时将其按入即可。

图 1-21　CPU 风扇供电安装

图 1-22　硬盘供电安装与数据线接口

（4）光驱数据线安装。均采用防呆式设计，安装数据线时可以看到 IDE 数据线的一侧有一条蓝色或红色的线。

（5）机箱前置接线安装。机箱前置接线安装如图 1-23 所示。

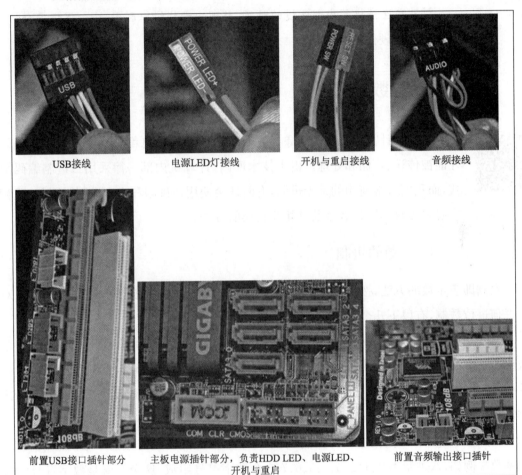

| USB接线 | 电源LED灯接线 | 开机与重启接线 | 音频接线 |

| 前置USB接口插针部分 | 主板电源插针部分，负责HDD LED、电源LED、开机与重启 | 前置音频输出接口插针 |

图 1-23　机箱前置接线安装

（6）主板上的 IDE 数据线安装，如图 1-24 所示。

图 1-24　主板上的 IDE 数据线安装

知识点5——
计算机的系
统安装

（7）盖上机箱盖，连接外部设备，如音响、鼠标、键盘、网线、摄像头、显示器、电源线。最后强调一点，装机过程中不可野蛮装机。如果开机不断重启，重新插拔内存可解决大部分问题。

注：在连接机箱内部线缆的时候，整理内部线缆以利于散热，保证安全。

计算机硬件组装完毕。

五、计算机的数制转换

知识点6——
计算机的数
制转换

数据是计算机处理的对象。计算机中的各种信息都必须经过数字化编码才能被传送、存储和处理。由于技术原因，计算机内部一律采用二进制编码形式，而我们日常使用的是十进制，有时还会使用八进制和十六进制。因此，我们有必要了解不同计数制及其相互转换的方法。

（一）数的进制

数制即表示数的方法，按进位的原则进行计数的数制称为进位数制，简称"进制"。对于任何进位数制，有以下几个基本特点。

（1）每一种进制都有固定数目的记数符号（数码）。在进制中允许选用基本数码的个数称为基数。例如，十进制的基数为10，有10个数码0、1、2、3、4、5、6、7、8、9；二进制的基数为2，有2个数码0和1；八进制的基数是8，有8个数码0、1、2、3、4、5、6、7；十六进制比较特别，它的基数为16，有16个数码分别是0、1、2、3、4、5、6、7、8、9、A、B、C、D、E、F。

（2）逢N进1。N是指进位计数制，表示每个数位上能使用的数码个数的总数，也就是基数。例如，八进制由0、1、2、3、4、5、6、7八个数字符号组成，这个8就是数字符号的总数，表示逢八进一。简单来说，十进制中逢10进1；二进制中逢2进1；八进制中逢8进1；十六进制中逢16进1。

（3）采用位权表示法。一个数码处在不同位置上所代表的值不同，如数码3，在个位数上表示3，在十位数上表示30，而在百位数上则表示300……这里的个（10^0）、十（10^1）、百（10^2）……称为位权。位权的大小以基数为底，数码所在位置的序号为指数的整数次幂。一个进制数可以按位权展开成一个多项式。例如，$1\ 234.56 = 1 \times 10^3 + 2 \times 10^2 + 3 \times 10^1 + 4 \times 10^0 + 5 \times 10^{-1} + 6 \times 10^{-2}$。

（二）数制之间的转换

不同进制数之间进行转换时应遵循转换原则。转换原则是：如果两个有理数相等，则有理数的整数部分和分数部分一定分别相等。不同进制间是有一定对应关系的,上述几种进制数之间数值的对照,如表1-5所示。

表1-5　几种进制数之间数值的对照

十进制	二进制	八进制	十六进制
0	0000	0	0
1	0001	1	1
2	0010	2	2
3	0011	3	3
4	0100	4	4
5	0101	5	5
6	0110	6	6
7	0111	7	7
8	1000	10	8
9	1001	11	9
10	1010	12	A
11	1011	13	B
12	1100	14	C
13	1101	15	D
14	1110	16	E
15	1111	17	F

1. 十进制数转化为二进制数

整数部分和小数部分分别用不同的方法进行转换。

整数部分采用除2取余法。转换原则是用整数部分除以2,然后取每次得到的商和余数,用商继续除以2,以此类推,直到商为零为止。将所得的各次余数,自后向前连接而成的数字即为该十进制数的整数部分的二进制表示。

小数部分采用乘2取整法,转换原则是依次乘2,然后获得运算结果的整数部分,将结果中的小数部分再次乘2,直到小数部分为零。将得到的整数部分作为二进制小数的最高位,后续的整数部分依次作为低位,这样由各整数部分组成的数字就是转化后二进制的小数部分。需要说明的是,有些十进制小数无法准确地用二进制进行表达,所以转换时符合一定的精度即可,这也是计算机的浮点数运算不准确的原因。

【例1-1】将十进制数$(123.3125)_{10}$转换成二进制数。

求得结果是$(1111011.0101)_2$,如图1-25所示。

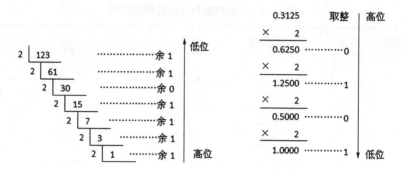

图1-25　十进制数转化为二进制数

2. 二进制转化为十进制数

使用按位权展开相加法：以小数点为界,从整数位最后一位(从右向左)开始计算,依次为第$0,1,2,3,\cdots,n$,然后将第n位的数(0或1)乘以2的$n-1$次方,然后相加即可得到整数位的十进制数;小数位则从左向右开始计算,依次为第$1,2,3,\cdots,m$,然后将第m位的数(0或1)乘以2^{-m},然后相加即可得到小数位的十进制数。

【例1-2】将二进制数$(10010.10101)_2$转化成十进制数。

$(10010.10101)_2$

$=(1\times2^4+0\times2^3+0\times2^2+1\times2^1+0\times2^0+1\times2^{-1}+0\times2^{-2}+1\times2^{-3}+0\times2^{-4}+1\times2^{-5})_2$

$=(16+0+0+2+0+0.5+0+0.125+0+0.03125)_{10}=(18.65625)_{10}$

求得结果是$(18.65625)_{10}$

3. 二进制数转化为八进制数

由于八进制数的基数为8,二进制的基数为2,两者满足$8=2^3$。所以每3位二进制数可转换为等值的一位八进制数。以小数点为界,整数位则将二进制数从右向左每3位一组,不足3位的在左边用0填补即可;小数位则将二进制数从左向右每3位一组,不足3位的在右边用0填补即可。

【例1-3】将二进制数$(10110101110.11011)_2$转化成八进制数。

求得结果是$(2656.66)_8$,如图1-26所示。

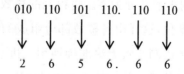

图1-26　二进制数转化为八进制数

4. 八进制数转化为二进制数

八进制数转换成二进制数与上述过程相反,此处从略。

【**例 1-4**】将八进制数 $(6237.431)_8$ 转换成二进制数。

求得结果是 $(110010011111.100011001)_2$,如图 1-27 所示。

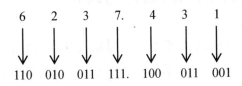

图 1-27　八进制数转化为二进制数

5. 二进制数转化为十六进制数

由于八进制的基数为 16,二进制的基数为 2,两者满足 $16 = 2^4$。所以每四位二进制数可转换为等值的一位十六进制数。以小数点为界,整数位则将二进制数从右向左每四位一组,不足四位的在左边用 0 填补;小数位则将二进制数从左向右每四位一组,不足四位的在右边用 0 填补。

【**例 1-5**】将二进制数 $(101001010111.110110101000)_2$ 转化成十六进制数。

求得结果是 $(A57.DA8)_{16}$,如图 1-28 所示。

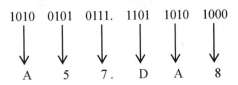

图 1-28　二进制数转化为十六进制数

6. 十六进制数转化为二进制数

十六进制数转换成二进制数与上述过程相反,此处从略。

【**例 1-6**】将十六进制数 $(A7.D4)_{16}$ 转换成二进制数。

求得结果是 $(10100111.110101)_2$,如图 1-29 所示。

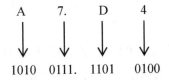

图 1-29　十六进制数转化为二进制数

以上学习了十进制、八进制、十六进制等进制与二进制之间的转换方法。八进制与十进制，十六进制与十进制，八进制与十六进制之间的相互转换，可以先将待转换数转换为二进制，再将二进制转换到相应进制。

六、计算机的数据单位、储存与编码

知识点7——
计算机的数
据编码

对于计算机来说，数据是指能够输入计算机并由计算机处理的符号，如数字、字母、符号、图表及声音等。在计算机内部，常用的数据单位有位（bit）、字节（Byte）和字。计算机内的文字和符号统称为"字符"，在计算机中表示和存储的方式是通过编码，即在一个主题或单元上为数据存储、管理和分析的目的而转换信息为编码值的过程。

（一）计算机的数据单位与存储

在计算机中，数据是指所有能输入到计算机中并被计算机程序处理的符号的总称，是用于输入电子计算机进行处理，具有一定意义的数字、字母、符号和模拟量等的通称。在计算机内部，常用的数据单位有位、字节和字。

1. 位

计算机处理的数据信息，以二进制数编码表示，二进制数字"0"和"1"是构成信息的最小单位，称作"位"或比特，单位为 b。

2. 字节

在计算机中，由若干位组成一个"字节"（Byte）。字节是计算机存储信息的基本单位，单位为 B。字节由多少位组成取决于计算机的自身结构。通常，微型计算机由 8 位组成一个字节。

3. 字

字指的是数据字，由若干位或字节所组成。对计算机的运算器和存储器来说，一个字或几个字就是一个数据；对控制器来说，一个字或几个字就是一条指令。一个字所包含的二进制位数称为字长，字长越长，说明计算机数值的有效位越多，精确度越高。低档微型机的字长为 8 位（1 个字节），高档微型机的字长有 16 位（2 个字节）、32 位（4 个字节）等。

4. 存储器的容量

计算机存储器的容量，一般采用 KB（千字节）为单位来表示。1 KB＝1 024 B。例如，64 KB＝1 024×64＝65 536 B。容量大的计算机也常用 MB（兆字节）或 GB（千兆字节）甚至是 TB（太字节）作单位表示其存储器容量。换算关系如下：

1 B＝8 b

1 KB＝1 024 B

1 MB＝1 024 KB

1 GB＝1 024 MB

1 TB＝1 024 GB

1 PB＝1 024 TB

(二) 编码

在计算机硬件中,编码(coding)是在一个主题或单元上为数据存储、管理和分析目的转换信息为编码值(典型的如数字)的过程,它将数据转换为代码或编码字符,并能译为原数据的形式,同时也是计算机书写指令、程序设计中的一部分。

1. 字符编码

在计算机中,为方便计算机储存和处理数字,通常把文字和符号统称为"字符",目前使用最广泛的西文字符是 ASCII 码(美国信息交换标准代码 American Standard Code for Information Interchange),ASCII 码已被国际标准化组织(ISO)批准为国际标准。

ASCII 码由 8 位二进制数组成,其中最高位为校验位,用于在传输过程中检验数据的正确性,其余 7 位二进制数表示一个字符,共有 128 种组合。例如,回车键的 ASCII 码为00001101(13),空格键的 ASCII 码为00100000(32),"0"的 ASCII 码为00110000(48),"A"的 ASCII 码为01000001(65),"a"的 ASCII 码为01100001(97)。

2. 汉字编码

与西文字符相比,汉字数量大,字形复杂,同音字多,这些特点给汉字在计算机内部的存储、传输、交换、输入和输出等带来了一系列的问题。为了能直接使用西文标准键盘输入汉字,必须为汉字设计相应的编码,以适应计算机处理汉字的需要。汉字多是象形文字,编码比较困难,而且在一个汉字处理系统中,输入、内部处理、输出对汉字编码的形式不尽相同,因此要进行一系列的汉字编码转换。汉字信息处理中各种编码及流程,如图 1-30 所示。

图 1-30　汉字信息处理流程

1) 输入码

为将汉字输入计算机而编制的代码称为汉字输入码,也称外码。

2) 国标码(汉字信息交换码)

汉字信息交换码是用于汉字信息处理系统之间或者与通信系统进行信息交换的汉字代码,简称交换码,也称国标码。我国 1981 年颁布了国家标准《信息交换用汉字编码字符集——基本集》,代号为 GB2312-80,即国标码。

3) 机内码

根据国标码,每个汉字都有了确定的二进制代码,但是在计算机内部处理时会与 ASCII 码发生冲突,为解决这个问题,在每一个国标码的首位上加 1,首位上的"1"可以作为识别汉字代码的标志。计算机在处理首位是"1"的代码时把它理解为汉字的信息,在处理首位是"0"的代码时把它理解为 ASCII 码。经过这样处理后的国际码就是机内码。

4) 地址码

汉字地址码是指汉字字库(这里主要指整字形的点阵式字模库)中存储汉字字形信息的逻辑地址码。

5) 字形码

为输出经过计算机处理的汉字信息,必须将汉字内码转换成用户可识别的汉字,汉字内码与汉字字形码一一对应。描述汉字字形的方法主要有点阵字形和轮廓字形两种。

(1) 点阵字形,8 个二进制位组成一个字节,字节是存储空间的基本单位。例如,一个 16×16 点阵的字形需要 32 字节存储空间;24×24 点阵的字形码需要 72 字节存储空间;32×32 点阵的字形码需要 128 字节存储空间。"杜"字的字形点阵图,如图 1-31 所示。

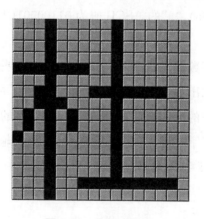

图 1-31 字形点阵图

(2) 轮廓字形,采用数学方法来描述每个汉字的轮廓曲线。中文 Windows 下广泛采用的 TrueType 字形库就采用轮廓字形法。这种方法的优点是字形精度高,可以任意缩放而不产生锯齿现象;缺点是输出前必须经过复杂的数学运算处理。

习　题　一

一、选择题

1. 按使用器件划分计算机发展史，当前使用的微型计算机，是（　　　）计算机。

A. 集成电路　　　　　　　　　　　　B. 晶体管

C. 电子管　　　　　　　　　　　　　D. 超大规模集成电路

2. 电子计算机与过去的计算工具相比，具有（　　　）的特点。

A. 具有记忆功能，能够储存大量信息，可方便用户检索和查询

B. 能够按照程序自动进行运算，完全可以取代人的脑力劳动

C. 具有逻辑判断能力，所以说计算机已经具有人脑的全部智能

D. 以上说法都对

3. 一个完整的计算机系统应包括（　　　）。

A. 计算机及外部设备　　　　　　　　B. 主机箱、键盘、显示器和打印机

C. 系统软件和系统硬件　　　　　　　D. 硬件系统和软件系统

4. 计算机操作系统的作用是（　　　）。

A. 为汉字操作系统提供运行的基础

B. 对用户存储的文件进行管理，方便用户

C. 执行用户输入的各类命令

D. 管理计算机系统的全部软、硬件资源，合理组织计算机的工作流程

5. 某单位的工资管理软件属于（　　　）。

A. 工具软件　　　　B. 应用软件　　　　C. 系统软件　　　　D. 编辑软件

6. CPU 主要由运算器和（　　　）组成。

A. 控制器　　　　　B. 存储器　　　　　C. 寄存器　　　　　D. 编辑器

7. 计算机存储器容量的基本单位是（　　　）。

A. 符号　　　　　　B. 整数　　　　　　C. 位　　　　　　　D. 字节

8. 把硬盘上的数据传送到内存中的过程称为（　　　）。

A. 打印　　　　　　B. 写盘　　　　　　C. 输出　　　　　　D. 读盘

9. 计算机能直接执行的程序是（　　　）。

A. 源程序　　　　　　　　　　　　　　B. 机器语言程序

C. BASIC 语言程序　　　　　　　　　　D. 汇编语言程序

10. 下列各组设备中，完全属于外部设备的一组是（　　　）。

A. 内存储器、硬盘和打印机　　　　B. 硬盘、软盘驱动器、键盘

C. CPU、显示器和键盘　　　　　　D. CPU、软盘驱动器和 RAM

二、计算题

1. $(17)^{10} = ($　　　　　$)^2 = ($　　　　　$)^{16} = ($　　　　　$)^8$

2. $(1011110)^2 = ($　　　　　$)^8 = ($　　　　　$)^{16}$

3. $(11110100111)^2 = ($　　　　　$)^{10}$

4. $(C3)^{16} = ($　　　　　$)^2 = ($　　　　　$)^8$

5. $(2652)^8 = ($　　　　　$)^2 = ($　　　　　$)^{16}$

第二章

Windows 7 操作系统

随着计算机技术的发展,计算机已不是少数专业人员的奢侈品,而是有效应用于工作、生活各领域的大众工具。掌握正确、安全、高效的计算机使用方法,已成为每个人生活中的必修课。

管理、使用计算机主要通过操作系统,Windows 7 是人们较为熟悉的计算机操作系统。

一、Windows 7 初体验

(一) 认识 Windows 7

Windows 7 是微软公司开发的操作系统,继承了 Windows XP 的实用和 Windows Vista 的华丽,使用户的日常电脑办公操作变得更加简单和快捷。其优点为:更快的速度、更优的性能、更个性化的桌面、更强大的多媒体功能、更优的触控体验、全面革新的用户安全机制和革命性的工具栏设计。

知识点 8——
Windows 7 初
体验

(二) 正确开关电脑

1. 打开电脑

打开电脑外设、显示器,按下主机机箱的电源开关,计算机会自动进行上电检查,成功后 BIOS 从 CMOS 里读取系统启动设置,按照启动设置启动系统,直至显示 Windows 7 系统桌面,完成电脑的启动。

2. 重启电脑

方法一:单击【开始】按钮,在弹出的菜单中单击【关机】右侧的按钮,在弹出的菜单中选择【重新启动】,即可重启电脑。

方法二:直接按下主机机箱上的 RESET 键,也可重新启动电脑。

3. 关闭电脑

（1）正常关机。单击【开始】按钮，在弹出的【开始】菜单中单击【关机】按钮。系统开始自动保存相关信息。若用户忘记关闭软件，则会弹出相关警告提示框。系统正常退出后，主机的电源会自动关闭，指示灯灭代表已经成功关机，然后关闭显示器与其他外设。

（2）强制关机。如果出现系统宕机、桌面被锁定、鼠标不能动的情况，需要强制关机。强制关机可能会造成软件或硬件的损坏，在能够正常关闭电脑的情况下不要使用。方法一：长按主机机箱上的电源键，以关闭电脑。方法二：断电，拔掉插座，强制关闭。

（3）意外关机。如果 CPU 温度过高，系统将自动关机以保护硬件。病毒感染、突然停电、意外触碰都可能造成意外关机。

（4）合盖关机。笔记本电脑可以通过合上盖子关闭计算机。单击【开始】按钮，在弹出的【开始】菜单中单击【控制面板】按钮，单击【硬件和声音】按钮，单击【电源】选项，在【电源】选项窗口"选择电源按钮的功能"和"选择关闭盖子的功能"选项中可以对其进行修改。

（三）Windows 7 桌面

登录 Windows 7 操作系统后，首先可以看到的是桌面。桌面包括桌面背景、图标、【开始】按钮、快速启动工具栏、任务栏和状态栏，所有操作都在桌面上进行，如图 2-1 所示。

图 2-1 桌面

1. 桌面背景

桌面背景可以使用个人收集的数字图片、Windows 提供的图片、纯色或带有颜色框架的图片，也可以显示幻灯片图片。

2. 图标

在 Windows 7 中，所有的文件、文件夹和应用程序等都由相应的图标表示。桌面图标一般由文字和图片组成，文字说明图标的名称或功能，图片是标识符。

用户双击桌面上的图标，可以快速打开相应的文件、文件夹或者应用程序，如双击桌面上的【计算机】图标，即可打开【计算机】窗口。

3.【开始】菜单

【开始】菜单，如图 2-2 所示。

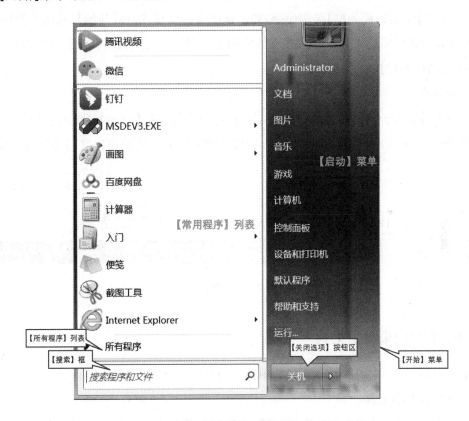

图 2-2　【开始】菜单

单击桌面左下角的【开始】按钮，即可弹出【开始】菜单。它主要包括以下几个部分。

（1）【固定程序】列表，显示开始菜单中的固定程序。

（2）【常用程序】列表，主要存放系统常用程序，此列表随着时间动态分布，超过 10 个，会按照时间的先后顺序依次替换。

（3）【所有程序】列表，用户在【所有程序】列表中可以查看系统中安装的所有软件程序。

（4）【启动】菜单，列出了经常使用的 Windows 程序链接。

（5）【搜索】框，主要用来搜索电脑上的项目资源。在【搜索】框中直接输入需要查询的文件名，即可进行搜索操作。

（6）【关闭选择】按钮区，主要用来对操作系统进行关闭操作。

4. 快速启动工具栏

Windows 7 取消了快速启动工具栏。若要快速打开程序，可以将程序锁定到任务栏，具体方法有以下两种。

（1）选择【将此程序锁定到任务栏】菜单命令，若程序已经打开，在【任务栏】上选择程序并单击鼠标右键，从弹出的快捷菜单中选择【将此程序锁定到任务栏】。

（2）选择【锁定到任务栏】菜单命令，如果程序没有打开，选择【开始】→【所有程序】，在弹出的列表中选择需要添加的任务栏中的应用程序，单击鼠标右键并在弹出的快捷菜单中选择【锁定到任务栏】。

5. 任务栏

【任务栏】是位于桌面最底部的长条，主要由【程序】区域、【通知】区域和【显示桌面】按钮组成，如图 2-3 所示。用户按【Alt＋Tab】组合键可以在不同的窗口之间进行切换操作。

图 2-3　任务栏

（四）有用的桌面小工具

在 Windows 7 中，用户将小工具的图片添加至桌面，即可快捷使用。

1. 添加桌面小工具

（1）在桌面空白处单击鼠标右键，从弹出的快捷菜单中选择【小工具】。

（2）在弹出的【小工具库】窗口选择小工具并单击鼠标右键，在弹出的会计菜单中选择【添加】菜单命令。直接拖拽到桌面、直接双击都可以将小工具成功地添加至桌面。如，可选择【日历】小工具。

2. 设置桌面小工具

小工具被添加至桌面后，即可直接使用。同时，用户还可以移动、关闭桌面小工具，设置不透明度等。

（1）将鼠标放在桌面小工具上，按住鼠标左键直接拖拽到适当的位置放下，即可移动桌面小工具的位置。

（2）单击桌面小工具右侧的【较大尺寸】按钮，即可展开桌面小工具，查看详细信息。

（3）选择桌面小工具并单击鼠标右键，在弹出的快捷菜单中选择【前端显示】菜单命令，即可将小工具设置在桌面的最前端。

（4）选择【不透明度】菜单命令，在弹出的子菜单中选择不透明度的具体值，即可设置桌面小工具的不透明度。

3. 移除桌面小工具

小工具被添加至桌面后，如果不再使用，可以将小工具从桌面移除。具体操作是，将鼠标放在桌面小工具的右侧，单击【关闭】按钮，即可从桌面上移除小工具。

若用户想将小工具从系统中彻底删除，则需要将其卸载，具体操作如下。

在桌面的空白处单击鼠标右键，从弹出的快捷菜单中选择【小工具】，弹出【小工具库】窗口。选择需要卸载的小工具，单击鼠标右键并在弹出的快捷菜单中选择【卸载】菜单命令。选择的小工具即被成功卸载。

（五）使用帮助和支持中心

在遇到问题时，可以使用 Windows 7 自带的"帮助和支持"工具快速找到解决方案。

1. 选择帮助主题

（1）在任务栏中，单击【开始】按钮，在弹出的菜单中选择【帮助和支持】命令。

（2）进入【Windows 帮助和支持】窗口，单击【浏览帮助主题】选项。

（3）进入浏览帮助主题界面，单击【打印机和打印】选项。

（4）即可搜索出所有关于"打印机和打印"的"帮助主题"。

2. 快速搜索帮助信息

如果不能确定自己的问题属于哪一类主题，也可以通过搜索关键词来查找相关帮助。

进入【Windows 帮助和支持】窗口，在搜索框中输入文字"共享文件"，单击搜索框右侧的【搜索】按钮，即可搜索出关于"共享文件"的所有帮助选项。

二、Windows 7 的基本操作

掌握了正确的开关电脑方法，成功进入 Windows 7 系统后，用户就可以在系统桌面上进行各类操作了。

知识点9——
Windows 7 的
基本操作

与传统 MS-DOS 字符操作系统相比，Windows 系列操作系统突出通过"窗口"的方式组织、管理计算机资源，使用鼠标在图形化工作界面进行便捷操作，极大地方便了非专业用户的使用。下面，我们就来了解如何正确使用鼠标和键盘进行基本操作。

（一）正确使用鼠标

鼠标是一种使用方便、灵活的输入设备。在 Windows 7 操作系统中，几乎所有的操作都必须使用鼠标来完成。

1. 鼠标按键的组成

鼠标上的按键主要由左键、右键和滚轮构成。

（1）左键：用于选择对象、执行命令、打开窗口、运行程序。

（2）右键：用于打开所选对象对应的快捷菜单。

（3）滚轮：主要用于放大、缩小对象或滚动界面以快速浏览内容。

2. 正确握姿

手腕自然放在桌面上，用右手大拇指和无名指轻夹住鼠标的两侧，食指和中指分别对准鼠标的左键和右键，手掌心不要紧贴在鼠标上，这样有利于鼠标的移动操作。

3. 认识鼠标指针

通常情况下，鼠标指针是一个白色的斜箭头，在不同的使用环境和工作状态下，其外形会发生变化。常见的鼠标指针形状及其含义，如图 2-4 所示。

标准选择	↖	文字选择	I	对角线调整 1	↖↘
帮助选择	↖?	手写	✎	对角线调整 2	↗↙
后台操作	↖⌛	不可用	⊘	移动	✛
忙	⌛	调整垂直大小	↕	其他选择	↑
精度选择	＋	调整水平大小	↔	链接选择	☝

图 2-4　鼠标指针形状及其含义

4. 鼠标的基本操作

鼠标的基本操作包括指向、单击、双击、右击和拖动等，如表 2-1 所示。

表 2-1　鼠标的基本操作

鼠标的基本操作	操作方法
指向	移动鼠标,将鼠标指针移到操作对象上
单击	快速按下并释放鼠标左键。单击一般用于选定一个操作对象
双击	连续两次快速按下并释放鼠标左键,一般用于打开窗口,启动应用程序
拖动	按下鼠标左键,移动鼠标到指定位置,再释放按键,一般用于选择多个操作对象,复制或移动对象等
右击	快速按下并释放鼠标右键,一般用于打开一个与操作相关的快捷菜单
滚动	滚动鼠标左键与右键之间的滚轴,主要用于显示屏幕外页面中的内容,如网页信息,多页 Word 文档中的内容等

(二) 正确使用键盘

键盘是用户向电脑内部输入数据和控制电脑的工具,是电脑的一个重要组成部分。根据键盘按键功能的不同,可将整个键盘分为 5 个区:功能键区、主键盘区、编辑键区、辅助键区、状态指示区,如图 2-5 所示。

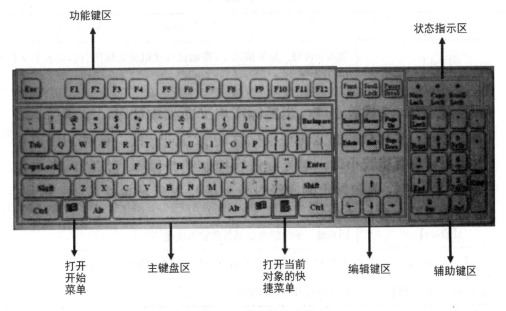

图 2-5　键盘按键功能

1. 功能键区

功能键区位于键盘的上方,由【Esc】【F1】键—【F12】键及【Print Screen】【Scroll Lock】

【Pause】多个功能键组成,这些键在不同的环境中有不同的作用,具体功能,如表 2-2 所示。

表 2-2　功能键区

按键	功能
【Esc】	撤消某项操作、退出当前环境或返回原菜单
【F1】-【F12】	用户可以根据自己的需要来定义功能,不同的程序有不同的操作功能定义
【Print Screen】	按【Print Screen】键可以将当前屏幕上的内容复制到剪贴板中;按【Alt+Print Screen】组合键可以将当前屏幕上活动窗口中的内容复制到剪贴板,按【Ctrl+V】组合键可以将剪贴板中的内容粘贴到其他的应用程序中
【Scroll Lock】	锁定屏幕
【Pause】	暂停键

2. 主键盘区

主键盘区是键盘的主体部分,除了数字和字母,还有下列辅助键,如表 2-3 所示。

表 2-3　主键盘区

按键	功能
【Tab】	制表定位键。通常情况下,按此键可使鼠标光标向右移动 8 个字符的位置
【Caps Lock】	锁定字母为大写状态
【Shift】	换挡键。在字符键区,有 30 个键位标示有两个符号。按【Shift】键的同时按下这些键,可以转换符号键和数字键
【Ctrl】	控制键。组合其他键完成特定的功能,如【Ctrl+C】可以复制对象
【Alt】	转换键。配合其他键完成特定的功能,如【Alt+F4】可以关闭当前窗口
【Enter】	回车键。确认将命令或数据输入电脑
【Backspace】	退格键。每单击一次,就会清除光标左侧位置的字符
【Windows 图标键】	按下可打开【开始】菜单

3. 编辑键区

编辑键区位于键盘的中间部分,包括上、下、左、右 4 个方向键和几个控制键,具体按键功能,如表 2-4 所示。

表 2-4　编辑键区

按键	功能
【Insert】	切换插入与改写状态。在插入状态下,输入一个字符后,光标右边的所有字符将向右移动一个字符的位置。在改写状态下,输入的字符将替换当前光标处的字符
【Del】	删除键。在文字编辑状态下,按此键可将光标后面的字符删除
【Home】	起始键。该键的功能是快速移动光标至当前编辑行的行首
【End】	终点键。该键的功能是快速移动光标至当前编辑行的行尾
【Page Up】	前翻页键。按此键将光标翻到上一页
【Page Down】	后翻页键。按此键将光标翻到下一页
【↑】【↓】【←】【→】	将光标分别向上、下、左、右移动一个字符的位置

4. 辅助键区

辅助键区位于键盘的右下部,各个数字符号键的分布紧凑、合理,适合单手操作,在录入内容为纯数字符号的文本时,使用数字键盘比使用主键盘更加方便,有利于提高输入的速度。

5. 状态指示区

状态指示区的按键功能,如表 2-5 所示。

表 2-5　状态指示区

按键	功能
【Num Lock】	该指示灯亮表示小键盘区的数字键是可用状态,当数字键被锁定时,辅助键区的键只能作为光标键
【Caps Lock】	该指示灯由 Caps Lock 键控制,此灯亮表示当前处于英文字母大写输入状态,否则处于小写输入状态
【Scroll Lock】	按下此键,Scroll Lock 指示灯亮,这时可以锁定当前卷轴的滚动

(三) 鼠标和键盘的个性化设置

由于用户对鼠标和键盘的使用方式与需求不一样,用户可以根据自己的喜好,对鼠标和键盘进行设置以满足日常的使用。

1. 设置鼠标

1) 设置鼠标键

(1) 在桌面的空白处单击鼠标右键,在弹出的快捷菜单中选择【个性化】菜单命令,在弹出的【更改计算机的视觉效果和声音】窗口左侧,选择【更改鼠标指针】选项。

(2) 在弹出的【鼠标属性】对话框,选择【鼠标键】选项卡,勾选【切换主要和次要的按钮】复选框,单击【确定】按钮,完成设置。

2) 调整鼠标双击速度

用户可以根据自己的使用习惯调整鼠标的双击速度,在【双击速度】选项区中,可以设定系统对鼠标双击的反应灵敏度。

3) 设置鼠标指针外观

系统为用户提供了许多指针外观方案,用户可以通过设置,选择喜欢的指针外观。在【鼠标-属性】对话框中,选择【指针】选项卡,从【方案】下拉列表框中选择系统自带的指针方案,也可以单击【浏览】按钮,打开【浏览】对话框,为当前选定的鼠标操作方式自定义一种新的外观。

4) 设置鼠标移动的方式

在【鼠标-属性】对话框中,单击【移动】选项卡,在【速度】选项区域中,用鼠标拖曳滑块,可以设置鼠标的移动速度。

在【可见性】选项区域勾选【显示指针轨迹】复选框,移动鼠标指针时,会产生轨迹效果。

2. 设置键盘

设置键盘主要是设置键盘的响应速度。

(1) 单击【开始】按钮,在弹出的菜单中选择【控制面板】菜单命令。

(2) 弹出【控制面板】窗口,设置【查看方式】为【大图标】,选择【键盘】选项。

(3) 弹出【键盘-属性】对话框,选择【速度】选项卡。单击鼠标拖曳【字符重复】选项区域中的【重复延迟】滑块,改变键盘重复输入一个字符的延迟时间。例如,向左拖曳滑块,增加延迟时间;单击鼠标拖曳【重复速度】滑块,改变重复输入字符的输入速度;向左拖曳滑块,降低重复输入速度。

(四) Windows 中的常用快捷键

正确使用快捷键可以大大提高使用 Windows 的速度和效率,Windows 7 中的常用快捷键,如表 2-6 所示。

表 2-6　Windows 7 常用快捷键

快捷键	功能
F1	显示帮助
Ctrl+C	复制选择的项目
Ctrl+X	剪切选择的项目
Ctrl+V	粘贴选择的项目
Ctrl+Z	撤消操作
Ctrl+Y	重新执行某项操作
Del	删除所选项目并将其移动到"回收站"
Shift+Del	不将所选项目移动到"回收站",而是直接将其删除
F2	重命名选定项目
Shift+任意箭头键	在窗口中或桌面上选择多个项目
Ctrl+任意箭头键+空格键	选择窗口中或桌面上的多个单个项目
Ctrl+A	选择文档或窗口中的所有项目
F3	搜索文件或文件夹
Alt+Enter	显示所选项的属性
Alt+F4	关闭活动窗口或者退出活动程序
Alt+空格键	打开活动窗口的快捷菜单
Alt+Tab	在打开的窗口之间切换
Ctrl+Alt+Tab	使用箭头键在打开的项目之间切换
Ctrl+鼠标滚轮	更改桌面上的图标大小
Alt+Esc	以窗口打开的顺序循环切换
Shift+F10	显示选定项目的快捷菜单
Ctrl+Esc	打开【开始】菜单
F10	激活活动程序中的菜单栏
Alt+下划线的字母	显示相应的菜单
Alt+下划线的字母	执行菜单命令(或其他有下划线的命令)
F5	刷新活动窗口
Alt+向上键	在 Windows 资源管理器中查看上一级文件夹
Ctrl+Shift+Esc	打开任务管理器

三、Windows 7 的输入法

学会输入文字是使用电脑的第一步。英文的输入,直接按照键盘上的字符输入即可。而汉字却不能像英文字母那样直接输入到电脑中,需要使用英文字母和数字对其进行编码,然后通过输入编码得到所需汉字。

（一）键盘指法

为了提高打字速度,首先要熟悉键盘中每个按键的功能及位置,配以正确、科学的训练方法,充分发挥每个手指的功能,以达到不必看键盘就能准确、快速完成字符的录入工作。

各手指分工明确,才能保证击键的准确率和速度。击键前,将左手的小指、无名指、中指和食指分别放置在【A】【S】【D】【F】键上,大拇指自然向掌心弯曲;将右手的食指、中指、无名指和小指分别放置在【J】【K】【L】【;】键位上,大拇指轻置于空格键上,右手小指同时负责回车键,各手指的分工如图 2-6 所示。

图 2-6　键盘指法示意图

左手的食指兼管【G】键,右手食指兼管【H】键,同时,左右手各手指按分工,分别负责基本键的上下排相应键的输入。当击打了基准键以外的各键时,各手指需要快速回归到基准键位上待命。

（二）设置语言栏

语言栏是一个工具栏,使用文本程序时,它会自动出现在桌面上,提供了从桌面快速更改输入语言或键盘布局的方法。语言栏可以被移动到屏幕的任何位置,也可以最小化隐藏到任务栏。

1. 显示语言栏

右键单击任务栏,在打开的菜单中指向【工具栏】,然后单击【语言栏】更改其设置的选项。

2. 隐藏语言栏

单击【最小化】将【语言栏】缩小为任务栏的一个图标,也可以通过在【文本服务和输入语言】对话框的【语言栏】选项卡中进行设置。

(三) 输入法管理

1. 输入法的种类

输入法是指将各种符号输入计算机或其他设备而采用的编码方法。目前,键盘输入的解决方案有区位码、拼音、表形码和五笔字型等。常用的汉字输入法主要是拼音输入法和五笔字型输入法。

2. 挑选适合自己的输入法

在众多的输入法软件中,我们可以根据自己的输入方式,挑选适合自己的输入法;也可以根据输入法的性能,综合考虑输入记忆、联想等功能,满足个性化需求。

3. 安装、添加输入法

1) 安装输入法

以"搜狗拼音"为例,首先在计算机中下载需要使用的输入法的安装文件,双击安装文件,进入安装界面,在此界面中可以选择程序的安装路径,如图 2-7 所示,如无特殊要求,单击【立即安装】按钮开始安装过程,完成安装后的界面如图 2-8 所示。

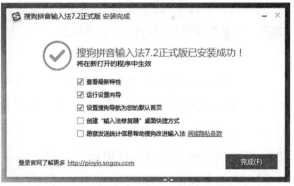

图 2-7　安装示意图　　　　　　　　图 2-8　完成安装示意图

2) 添加输入法

(1) 在状态栏图标上单击鼠标右键,从弹出的快捷菜单中选择【设置】命令。

(2) 弹出【文本服务和输入语言】对话框,单击【添加】按钮。

(3) 弹出【添加输入语言】对话框,选择想添加的输入法,单击【确定】按钮。

(4) 返回【文本服务和输入语言】对话框,单击【确定】按钮。

4. 删除输入法

为了能够快速切换输入法,可以将不使用的输入法删除。右键单击【语言栏】,在弹出的快捷菜单中选择【设置】菜单命令。弹出【文本服务和输入语言】对话框,如图2-9所示。

图 2-9　文本服务和输入语言对话框

在对话框的【常规】选项卡中,选中【已安装的服务】列表框中需要删除的输入法,单击【删除】按钮即可将选中的输入法删除。

5. 输入法的切换

在使用输入法输入文本时,需要首先切换到相应的输入法,切换的方法有以下两种:

(1) 利用鼠标。左键单击【语言栏】,在打开的菜单中选择需要使用的输入法。

(2) 使用快捷键。使用快捷键切换输入法,"Ctrl+Shift"可以在所有输入法之间逐个切换,"Ctrl+Space"可以直接切换到上次使用的输入法。切换输入法所使用的快捷键可以在【文本服务和输入语言】对话框中的【高级键设置】选项卡中自行定义。

除此之外,"Shift+Space"可以在全角和半角之间进行切换,"Ctrl +."可以在中文标点和英文标点之间进行切换。

6. 设置默认的输入法

系统默认是英文输入状态,用户如果习惯使用某种其他的输入法,可以将其设置为默认输入法。

(1) 在【语言栏】图标上单击鼠标右键,从弹出的快捷菜单中选择【设置】命令。

(2) 弹出【文本服务和输入语言】对话框,在【默认输入语言】下拉列表中选择搜狗拼音输入法选项,单击【确定】按钮,即完成设置。

(四) 拼音打字

常见的拼音输入法很多,下面以搜狗拼音输入法为例,介绍拼音打字的方法。

1. 输入单字

选择搜狗拼音输入法,依次按下键盘上要输入的单字的按键,然后按键盘上代表该汉字的数字键或空格键选择该字即可。下面以在记事本中输入"中"字为例,如图 2-10 所示。

(1) 单击【语言栏】的【输入法】按钮,从弹出的输入法列表中选择搜狗拼音输入法选项。

(2) 打开系统自带的【记事本】程序,在键盘上依次按【Z】【H】【O】【N】【G】键,其组字框中显示了各种可能的汉字。

(3) 选择需要的文字时,按下文字前面的数字键。例如,在键盘上按下数字"1",即可在记事本中输入汉字"中"。

(4) 如果是输入汉字"踵",当前的组字框中没有要选择的字,可以单击组字框右侧的【下一页】按钮,直至选到目标汉字。

图 2-10　输入单字"中"

2. 输入词组

输入词组的全拼或简拼,按数字键进行选择。下面以使用简拼法输入词组"黑龙江"为例,如下图 2-11 所示。

(1) 打开记事本,在键盘上依次按【H】【L】【J】键,其组字框中显示了各种可能的词组。

(2) 选择需要的词组,按下文字前面的数字键。例如,在键盘上按数字"1",即可在记事本中输入词组"黑龙江"。

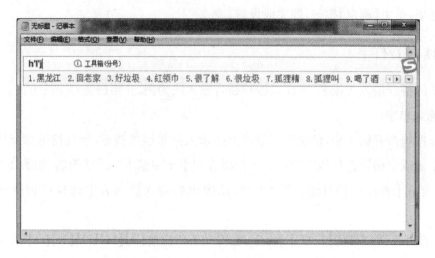

图 2-11　输入词组"黑龙江"

3. 输入句子

依次输入句子的拼音和标点，按空格键确认。以使用全拼法输入句子"随着互联网的发展"为例：

（1）打开记事本，输入拼音"suizhehulianwangdefazhan"，其组字框中显示了各种可能的句子、词组或单字。

（2）选择需要的句子、词组或单字，按下文字前面的数字键。例如，在键盘上按下数字"1"，或按下空格键，即可在记事本中输入句子"随着互联网的发展"。输入句子的过程中，可在文字候选框中选择需要的文本；输入完毕后，如果发现有输错的字，可按方向键【←】或【→】，将光标定位到错字的位置，然后在文字候选框中重新选择正确的文字。

4. 掌握搜狗拼音输入法使用技巧

（1）中/英文混合输入，搜狗拼音输入法在默认情况下，可以按【Shift】键切换中/英文输入状态，也可单击状态栏上的"中"或"英"按钮进行切换。

（2）使用搜狗拼音输入法状态栏上的【软键盘】按钮，可以输入多种特殊符号，如三角形（△）、五角星（☆）和对勾（√）。以输入数字符号为例：在状态条上右键单击【软键盘】按钮，在弹出的列表中选择【数学符号】选项，按下【软键盘】中的特殊符号。

（五）应用更多的字体

当电脑自带字体无法满足需求时，可以下载并安装新的字体。

1. 安装使用新字体

（1）在网上下载字体文件"方正黑体简体.TIF"。

（2）在桌面任务栏中，单击【开始】按钮。在弹出的快捷菜单中选择【控制面板】命令。

（3）进入【控制面板】窗口，单击【外观和个性化】选项，进入【外观和个性化】窗口，单击【字体】选项。

（4）进入【字体】窗口，复制下载的字体文件"方正黑体简体.TIF"，在【字体】窗口单击鼠标右键，在弹出的快捷菜单中选择【粘贴】命令。

（5）弹出【正在安装字体】对话框，安装完成，退出控制面板。

（6）此时，【字体】窗口中可以看到安装的字体，退出控制面板。

（7）打开 Word 文件，此时即可在【字体】下拉列表中找到安装的字体。

2. 删除字体

字体安装文件通常都比较大，字体太多对电脑有很大的负担。在这种情况下，我们可以删除部分不常用的字体。删除字体的方法非常简单，打开【字体】窗口，选中要删除的字体文件，单击鼠标右键，在弹出的快捷菜单中选择【删除】命令即可。

四、Windows 7 的桌面设置

Windows 7 操作系统因其便捷的操作方式，为用户创建了高效的使用环境。在使用过程中，用户可以根据个人爱好和实际需要，个性化设置桌面外观、屏幕保护程序和任务栏等内容，定制优化工作环境。

知识点 11——
Windows 7 的
桌面设置

（一）设置桌面主题

主题是指桌面背景、窗口颜色、声音和屏幕保护程序，单击某个主题可快速切换，用户可以选择系统自带的主题，也可以联机获得更多的主题。

在桌面的空白处单击鼠标右键，在弹出的快捷菜单中选择【个性化】菜单命令，弹出【更改计算机上的视觉效果和声音】窗口，在【Aero 主题】列表中，单击需要设置的主题，返回桌面，即可看到设置后的效果。用户可以单击【联机获取更多主题】链接，下载更多主题，也可以直接在其他网站中下载喜欢的主题。

（二）设置桌面背景

Windows 7 自带很多背景图片，用户可以从这些图片或自己收藏的图片中选择设置为桌面背景。

（1）在桌面的空白处单击鼠标右键，在弹出的快捷菜单中选择【个性化】菜单命令，弹出【更改计算机上的视觉效果和声音】窗口,选择【桌面背景】选项。

（2）弹出【选择桌面背景】窗口,【图片位置】右侧的下拉列表中列出了系统默认的图片存放文件夹。选择【Windows 桌面背景】选项,此时下面的列表框中会显示场景、风景、建筑、人物、中国和自然 6 个图片分组,单击其中的一幅图片将其选中。

（3）单击窗口左下角的【图片位置】向下按钮,弹出背景显示方式,显示方式包括填充、适应、拉伸、平铺和剧中,这里选择【拉伸】,单击【保存修改】按钮。

（4）显示设置后的桌面背景的效果。

（5）如果想以幻灯片的形式显示桌面背景,在弹出的【选择桌面背景】窗口中,单击【全选】按钮,在【更改图片时间间隔】列表中选择桌面背景的替换间隔时间,勾选【无序播放】复选框,单击【保存修改】按钮完成设置。

(三) 更改窗口颜色

使用绿色调可有效地缓解眼睛疲劳,将 Windows 7 系统窗口的颜色设置为绿色调的方法如下:

（1）在桌面的空白处单击鼠标右键,在弹出的快捷菜单中选择【个性化】菜单命令,弹出【更改计算机上的视觉效果和声音】窗口,单击【窗口颜色】按钮,进入【窗口颜色和外观】对话框。

（2）在【窗口颜色和外观】窗口中可选择"浅绿色"作为窗口颜色,同时可勾选【启用透明效果】。

（3）如需选择特殊颜色,可在窗口【颜色和外观】窗口中点击【高级外观设置】按钮,在【项目】下拉列表中选择【窗口】选项,在右侧的【颜色】下拉列表中选择【其他】选项,弹出【颜色】对话框。将【色调】设置为"85",将【饱和度】设置为"123",将【亮度】设置为"205",单击【添加到自定义颜色】按钮,单击【确定】按钮。返回【窗口颜色和外观】对话框,单击【确定】即可完成设置。

(四) 更改系统声音

系统音效更改方式如下:

（1）在桌面的空白处单击鼠标右键,在弹出的快捷菜单中选择【个性化】菜单命令,弹出【更改计算机上的视觉效果和声音】窗口,单击【声音】按钮,进入【声音】对话框。

（2）单击【声音】标签,在【声音方案】下拉列表中选择一种声音方案,单击【应用】按钮。

（3）在【声音】对话框中单击【程序事件】中的任意一项,就可以激活最下方的声音,单击右侧的【浏览】按钮,选择一个".wav 文件"作为系统声音,单击【应用】按钮,然后单击【确定】按钮,即可替换原有的音频文件。

(五) 设置屏幕保护程序

设置屏幕保护程序可以对显示器起到保护作用,同时也是个性化计算机或增强计算机安全性的一种方式。

操作方法为:在桌面单击鼠标右键,在弹出的快捷菜单中选择【个性化】按钮,打开【个性化】窗口,单击窗口右下角的【屏幕保护程序】按钮,弹出【屏幕保护程序】对话框。在【屏幕保护程序】下拉列表框中选择屏幕保护程序,其中"(无)"代表不使用屏幕保护程序。在选择了一种屏幕保护程序后,可以通过【设置】按钮定义屏幕保护程序的工作细节,【预览】按钮可以查看屏幕保护程序的运行效果。【等待】按钮可以设置运行屏幕保护程序之前的无操作时间,【在恢复时显示登录屏幕】复选按钮则用于设置退出屏幕保护程序时返回的界面。

(六) 设置显示分辨率

屏幕分辨率是指屏幕显示文本和图像的清晰度。分辨率越高,项目越清晰,屏幕上显示的项目越少,项目尺寸越大;反之项目的尺寸越小,屏幕可以容纳的项目越多,分辨率越低。

操作方法为:在桌面上空白处单击鼠标右键,在弹出的快捷菜单中选择【屏幕分辨率】菜单命令。在弹出的【更改显示器的外观】窗口中,用户可以看到系统默认设置的分辨率和方向。单击【分辨率】右侧的向下按钮,在弹出的列表中设置分辨率,返回【更改显示器的外观】窗口,单击【确定】按钮。

如需设置显示器刷新频率,在【屏幕分辨率】界面中单击【高级设置】选项,在弹出的对话框中选择【监视器】标签,并在【屏幕刷新频率】下拉列表中选择"60 赫兹"选项,单击【确认】即可。

(七) 设置字体大小

在 Windows 7 操作系统中文字的大小是可以调节的,用户可以根据个人视力状况进行调整。

操作方法为:在桌面单击鼠标右键,在弹出的快捷菜单中选择【个性化】按钮,打开【个性化】窗口。单击【显示】选项,进入【显示】界面。在【使阅读屏幕上的内容更容易】项目中,自行选择适合自己的选项。如需进行精细化设置,可点击【设置自定义文本大小(DPI)】选项。进入【自定义 DPI 设置】界面,在【缩放为正常大小的百分比】下拉列表中选择百分比选项,单击【确定】按钮完成设置。

(八) 设置桌面图标

在 Windows 操作系统中,所有的文件、文件夹及应用程序都由形象化的图标表示。在桌面上的图标被称为桌面图标,快速双击可打开相应的文件、文件夹或应用程序。

1. 添加桌面图标

(1) 应用程序安装后,系统将自动在桌面生成应用程序的桌面图标。

(2) 桌面快捷方式。右键单击需要添加的文件夹,在弹出的快捷菜单中选择【发送到|桌面快捷方式】菜单命令,此文件夹图标即被添加到桌面。

2. 删除桌面图标

(1) 选择需要删除的桌面图标,按下【Del】键,弹出【删除快捷方式】对话框,然后单击【是】按钮,即可将图标删除。

(2) 如果想彻底删除桌面图标,可同时按下【Shift】【Del】键,此时会弹出【删除快捷方式】对话框,提示"您确定要永久删除此快捷方式吗?",单击【是】按钮。

(3) 使用删除命令。选择要删除的图标,单击鼠标右键并在弹出的快捷菜单中选择【删除】菜单命令,在弹出的【删除快捷方式】对话框中单击【是】按钮。

3. 设置桌面图标的大小

在桌面的空白处单击鼠标右键,在弹出的快捷菜单中选择【查看】菜单命令。弹出的子菜单中显示 3 种图标大小,分别为大图标、中等图标和小图标。如选择【中等图标】菜单命令,桌面图标则以中等图标的方式显示。

1) 设置左面图标的排列方式

在桌面的空白处单击鼠标右键,然后在弹出的快捷菜单中选择【排列方式】菜单命令。弹出的子菜单中有 4 种排列方式,分别为名称、大小、项目类型和修改日期。选择【名称】菜单命令,即可使桌面图标按名称排列。

2) 更改桌面图标

根据需要,用户还可以更改桌面图标的名称和标识等。

(1) 选择需要修改名称的图标,单击鼠标右键并在弹出的快捷菜单中选择【重命名】菜单命令。

(2) 进入图标的编辑状态,删除以前的图标名称,输入新的图标名称。

(3) 按【Enter】键确认名称的重命名。(这里例子可以使用桌面【计算机】图标改换成【我的电脑】)。

（4）打开【桌面图标设置】对话框，在【桌面图标】选项卡中选择要更改标识的桌面图标，如【计算机】选项，单击【更改图标】按钮。

（5）弹出【更改图标】对话框，从【从以下列表中选择一个图标】列表框中选择一个自己喜欢的图标，然后单击【确定】按钮。返回【桌面图标设置】对话框，可以看出【计算机】图标已经更改。

（6）单击【确定】按钮返回桌面，【计算机】图标已经发生了变化。

五、Windows 7 的系统设置

在 Windows 7 工作环境中，用户进行桌面外观的个性化设置是追求良好的操作体验及视觉效果，提高工作效率，用户也可进行界面功能设置、账户设置等系统设置环节，从而进一步优化工作环境，享受 Windows 7 的系统特性功能和便利操作。

知识点12——
Windows 7 的
系统设置

（一）设置"开始"菜单

（1）在【开始】按钮上单击右键，在弹出的快捷菜单中选择【属性】选项，打开【任务栏和开始菜单属性】对话框。

（2）选择【「开始」菜单】选项卡，在此界面中可以定义电源按钮的用途以及是否显示最近使用过的程序和项目。如果需要定义开始菜单中的具体内容则单击【自定义…】按钮，打开【自定义「开始」菜单】对话框，如图 2-12 所示。

图 2-12 设置"开始"菜单

（3）在此对话框中，用户可以自定义【开始】菜单上的链接、图标以及菜单的外观和行为。

（二）设置任务栏

任务栏是位于桌面下方的小长条区域，右侧的通知区域默认是折叠的，当图标过多时，部分图标需要单击向上箭头才能显示，如图 2-13 所示。

图 2-13　设置任务栏

如果用户需要选择显示的图标和折叠隐藏的图标，就要进行自定义操作。鼠标右键点击任务栏，在弹出的快捷菜单中点击【属性】，打开【任务栏和「开始」菜单属性】对话框，选择【任务栏】选项卡。在【任务栏】选项卡中，可以对任务栏进行如下修改：

（1）锁定任务栏。此项被选中时任务栏不能被移动位置或改变大小。此项操作也可通过直接单击鼠标右键任务栏，在弹出的快捷菜单中选择【锁定任务栏】操作完成。

（2）自动隐藏任务栏。此项被选中时，任务栏在处于不被使用的状态会自动折叠到屏幕边缘加以隐藏。

（3）使用小图标。此项被选中时，运行的程序、打开的文件或文件夹在任务栏上的任务按钮将以较小图标显示。

（4）指定任务栏在屏幕上的位置。当任务栏未处于"锁定"状态，单击鼠标左键，按住【任务栏】，拖至相应位置。

（5）任务栏按钮。当运行的程序、打开的文件或文件夹过多时，指定任务栏上任务按钮的排列方法。

如需设置通知区域，单击【自定义…】按钮，打开【通知区域图标】窗口，如图 2-14 所示。

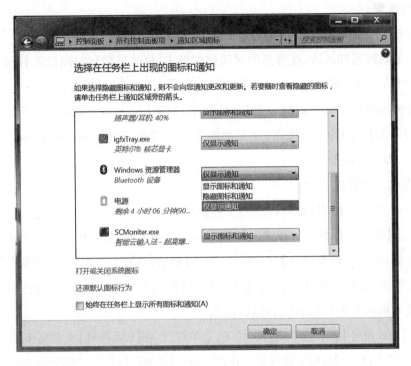

图 2-14　【通知区域图标】窗口

在窗口中的列表框内,拖动滑块找到需要设置的图标,根据需求在下列三项中进行选择:

(1) 仅显示通知。仅当通知区域的图标产生通知消息时才显示图标。

(2) 显示图标和通知。无论是否有通知消息,图标始终显示。

(3) 隐藏图标和通知。无论是否有通知消息,图标始终折叠隐藏。

对于需要始终显示在通知区域的图标,选择【显示图标和通知】项,设置完成后单击【确认】按钮关闭窗口。

(三) 设置系统日期和时间

用户可以更改 Windows 7 中显示的日期和时间,常用的方法有手动调整和自动调整两种。

1. 手动调整

适用于电脑未联网的状态。

(1) 单击时间通知区域,在弹出的对话框中单击【更改日期和时间设置】按钮,打开【日期和时间】对话框。

(2) 在【日期和时间】选项卡下,单击【更改日期和时间(D)…】按钮。

(3) 在弹出的【日期和时间设置】对话框中,对日期和时间进行设置,设置完毕后单击【确定】按钮。

2. 自动调整

适用于电脑联网的状态。

（1）单击时间通知区域，在弹出的对话框中单击【更改日期和时间设置】按钮，打开【日期和时间】对话框，选择【Internet 时间】选项卡，并单击【更改设置】按钮。

（2）在弹出的【Internet 时间设置】对话框中，勾选【与 Internet 时间服务器同步】复选框，单击【服务器】右侧的下拉按钮，在弹出的下拉菜单中选择【time. Windows.com】，单击【确定】按钮，即完成设置。

3. 个性化时间格式

Windows 7 的系统时钟也可以进行个性化设置。

（1）单击【开始菜单】按钮，在弹出的快捷菜单中点击【控制面板】窗口，单击【区域和语言】图标，在弹出的【区域和语言】对话框中，单击【格式】选项卡下的【其他设置】按钮。

（2）在弹出的【自定义格式】对话框中，选择【时间】选项卡，在【时间格式】栏中，修改【长时间】文本框内容为"hh：mm：ss"后，输入"tt"。

（3）在【AM符号】文本框中，输入"易飞，上午好！"，在【PM符号】文本框中输入"易飞，下午好！"，然后单击【确定】按钮完成设定。用户可以在【通知区域】中看到修改的时间显示效果。

（四）设置系统音量

用户可以利用任务栏右侧的声音控制图标调整音量。

（1）在任务栏中，单击通知区域中的【音量】图标，打开扬声器音量控制窗口，上下拖动音量控制滑块，即可调节音量；如要继续调整"扬声器"和"系统声音"的音量，还可以单击【合成器】选项。

（2）在弹出的【音量合成器——扬声器】对话框中，拖动滑块即可调整【扬声器】【系统声音】的音量。

（3）在 Windows 7 系统中，如果在任务栏【音量】图标上单击鼠标右键，会弹出一个快捷菜单，可以分别对【音量合成器】【播放设备】【录音设备】【声音】【音量控制选项】等项目进行设置。

（五）设置账户

Windows 7系统的账户包括标准账户、管理员账户和来宾账户三种类型。每种类型为用户提供不同的计算机控制权限。各账户之间互不干扰，独立完成各自的工作。

1. 创建新账户

以创建标准账户为例：单击【开始】按钮，选择【控制面板】菜单项。进入【控制面板】窗口,单击【用户账户和家庭安全】选项。进入【用户账户和家庭安全】窗口,单击【用户账户】选项,进入【用户账户】窗口,即可看到默认的管理员账户"Administrator"。单击【管理其他账户】命令,进入【管理账户】窗口,单击【创建一个新账户】选项,进入【创建新账户】窗口,在【名称框】中输入账户名称"易飞",选中【标准账户】单选按钮,单击【创建账户】按钮,返回【管理账户】窗口,即可创建一个名为"易飞"的新账户。然后单击新创建的账户,进入【更改账户】窗口,单击【创建密码】选项,进入【创建密码】窗口,输入并确定密码,单击【创建密码】按钮,返回【更改账户】窗口,此时的账户"易飞"就受密码保护。在【更改账户】窗口中单击【更改图片】按钮,进入【选择图片】窗口,选中喜欢的图片,单击【更改图片】按钮,返回【更改账户】窗口,成功更换账户"易飞"的图片,至此就完成了新账户的创建。

2. 删除账户

操作方法为:单击【开始】按钮,选择【控制面板】菜单项,进入【控制面板】窗口,单击【用户账户和家庭安全】选项,进入【用户账户和家庭安全】窗口,单击【用户账户】选项,进入【用户账户】窗口,单击【管理其他账户】命令,进入【管理账户】窗口,可以看到新建的账户。单击"易飞"账户,弹出【更改易飞的账户】窗口,选择【删除账户】选项,弹出【是否保留 易飞的文件?】窗口。系统为每个账户设置了不同的文件,包括桌面、文档、音乐、收藏夹、视频文件夹等,如果用户想保留账户的这些文件,可以单击【保留文件】按钮,否则单击【删除文件】按钮。弹出【确认删除】窗口,单击【删除账户】按钮,返回【管理账户】窗口,选择的账户已被删除。

3. 管理用户账户

用户账户创建完成后,可对账户进行各类管理。

(1) 更改用户账户控制设置。在【用户账户】窗口单击【更改用户账户控制设置】按钮,进入【用户账户控制设置】窗口,拖动鼠标调整控制级别,单击【确定】按钮即完成设置。

用户账户控制级别及其说明如下:

始终通知:对每个系统变化进行通知。

默认设置:仅当程序试图改变计算机时发出提示。

不降低桌面亮度:仅当程序试图改变计算机时发出提示,不使用安全桌面(即降低桌面亮度)。

从不通知:从不提示,相当于完全关闭 UAC 功能。

(2) 更改账户类型。在 Windows 7 系统中,账户权限分为标准用户和管理员,可以通过更改账户类型来更改账户权限。

操作方法为:进入【管理账户】窗口,单击标准账户"易飞",进入【更改账户】窗口,单击【更改账户类型】按钮。进入【更改账户类型】窗口,选中【管理员】单选按钮,单击【更改账类型】按钮,返回【更改账户】窗口。此时"易飞"的账户权限由"标准账户"改为"管理员"。

4. 切换用户账户

切换用户账户的方法主要有以下三种:

(1)使用【开始】按钮。在任务栏中,单击【开始】按钮,单击【关机】按钮右侧的三角按钮,在弹出的菜单项中选择【切换用户】命令,进入用户登录界面,单击任意用户按钮即切换用户账户。

(2)使用【Ctrl+Alt+Del】组合键。按【Ctrl+Alt+Del】组合键,打开任务管理器,单击【切换用户】按钮。

(3)按【Win+L】组合键,也可以进入当前用户界面,单击【切换用户】按钮。

5. 查看当前用户账户

在任务栏中,单击【开始】按钮,选择【用户账户】菜单项,即可进入【用户账户】窗口,管理或更改用户账户。

六、Windows 7 的窗口操作

知识点13——
Windows 7 的
窗口操作

窗口是屏幕上与一个应用程序相对应的矩形区域。当用户开始运行一个应用程序时,应用程序就创建并显示一个窗口;当用户操作窗口中的对象时,程序会做出相应的反应。用户通过关闭一个窗口来终止一个程序的运行,通过选择相应的应用程序窗口来选择相应的应用程序。

(一) 窗口的组成

窗口通常由标题栏、菜单栏、功能区、滚动条、状态栏等多个部分构成,如图2-15所示。不同的应用程序功能不同,其窗口的组成元素也有区别。

(1)控制菜单按钮,位于每个窗口的左上角,单击该按钮或者在键盘上按【Alt+空格】键,即可打开控制菜单,对窗口进行还原、移动、大小、最小化、最大化和关闭等操作。双击【控制菜单】按钮时,可直接关闭窗口。

(2)标题栏,位于窗口的最上方,显示当前窗口程序名称及打开文档名称。右侧有3个窗口控制按钮,可以将窗口最大化、最小化、还原或关闭,拖动标题栏可移动窗口位置。

(3)菜单栏,一般位于标题栏之下,用来列出所有可选命令项。菜单栏中的每一项称为菜单项,单击菜单项,系统将弹出一个包含有若干个命令项的下拉菜单。目前许多窗口都不再提供菜单栏,而使用功能区代替。

(4)工具栏,单击工具栏按钮,可以快速执行一些常用的操作。

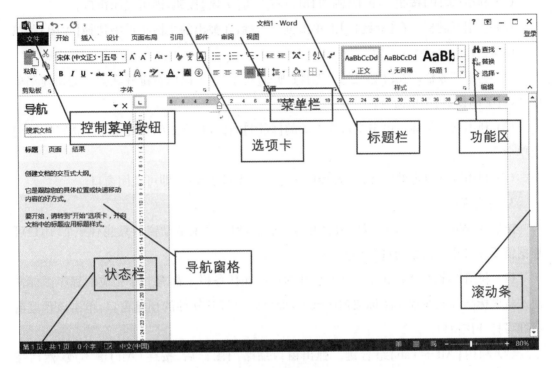

图 2-15　窗口的组成

（5）功能区，一些应用程序将其大部分命令以选项卡的方式分类组织在功能区中，单击标签可切换到不同的选项卡，单击选项卡中的按钮可执行相应的命令。

（6）工作区，用于显示操作对象及操作结果。例如，记事本程序窗口的工作区主要用来显示和编辑文档内容。

（7）滚动条，拖动滚动条可显示工作区中隐藏的内容。

（8）状态栏，位于窗口最下面一行，用于显示当前窗口的一些状态信息。

（二）窗口的基本操作

1. 打开窗口

（1）使用【开始】菜单。单击【开始】按钮，在弹出的【开始】菜单中选择【画图】菜单命令，即可打开【画图】窗口。

（2）使用桌面快捷方式。双击桌面上的【画图】图标，或者在【画图】图标上单击鼠标右键，在弹出的快捷菜单中选择【打开】菜单命令，开启【画图】窗口。

2. 关闭窗口

（1）利用菜单命令。在【画图】窗口中单击【画图】按钮，在弹出的菜单中选择【退出】菜单命令。

（2）利用【关闭】按钮。单击【画图】窗口右上角【关闭】按钮，即可关闭窗口。

（3）利用标题栏。在【标题栏】上单击鼠标右键，在弹出的快捷菜单中选择【关闭】菜单命令即可。

（4）利用任务栏。在【任务栏】上选择【画图】程序，单击鼠标右键并在弹出的快捷菜单中选择【关闭窗口】菜单命令。

（5）利用软件图标。单击窗口左上端的【画图】图标，在弹出的快捷菜单中选择【关闭】菜单命令。

（6）利用键盘组合键。在【画图】窗口按【Alt＋F4】组合键，即可关闭窗口。

3. 切换窗口

虽然在 Windows 7 中可以同时打开多个窗口，但是当前活动窗口只能有一个，用户可根据需要在各个窗口之间进行切换。

（1）利用程序图标按钮区。每个打开的程序在任务栏上都有一个相应的程序图标按钮。将鼠标指针放在程序图标按钮区域上，即可弹出打开软件的预览窗口，单击该预览窗口即可打开该窗口。

（2）利用【Alt＋Tab】组合键。弹出窗口缩略图图标后，按住【Alt】键不放，然后按【Tab】键，可以在不同的窗口之间进行切换，选择需要的窗口后松开按键，即可打开相应的窗口。

（3）利用【Alt＋Esc】组合键。按【Alt＋Esc】组合键，即可在各个程序窗口之间依次切换，系统按照从左到右的顺序，依次进行选择。

4. 移动窗口

（1）使用鼠标。将鼠标指针放在需要移动位置的窗口的标题栏上，按住鼠标左键不放，拖拽标题栏到需要移动到的位置，松开鼠标即可完成窗口位置的移动。

（2）使用键盘。使用【Alt＋空格】组合键，打开窗口控制菜单栏，使用方向键选择【移动】，移动窗口到指定位置后，按【Enter】键。

5. 排列窗口

在 Windows 7 中，系统提供了层叠、堆叠和并排显示窗口 3 种窗口排列方式。右键单击任务栏空白处，在弹出的快捷菜单中选择相应的选项即可完成排列方式的设置。

（1）层叠显示窗口，即把窗口按照一个叠一个的方式，一层一层叠起来。

（2）堆叠显示窗口，即把窗口按照横向两个，纵向平均分布的方式堆叠排列。

（3）并排显示窗口，即把窗口按照纵向两个，横向平均分布的方式并排排列。

6. 调整窗口大小

默认情况下，打开的窗口大小和上次关闭时的大小一样，用户可以根据需要调整窗口的大小。

（1）利用窗口按钮设置窗口大小。在窗口的标题栏右侧，集中了几个窗口控制按钮，包括最大化、最小化、还原和关闭。单击最大化按钮，窗口就会占据整个屏幕。单击最小化按钮，窗口就会被缩小到任务栏中的窗口显示区。当窗口最大化后，单击还原，窗口会恢复为原来大小。单击关闭按钮，窗口就会被关闭。

（2）手动调整窗口的大小。当窗口处于非最小化和非最大化状态时，用户可以手动调整窗口的大小。将鼠标指针放在窗口的任意边上，按住鼠标左键并拖动来调整窗口的大小。

7.【Win】快捷键的使用

Windows 7 系统中使用【Win】快捷键可以简便地实现以下功能，如表 2-7 所示。

表 2-7　【Win】快捷键的使用

按键	功能
【Win】+←	将窗口移至屏幕左半边
【Win】+→	将窗口移至屏幕右半边
【Win】+↑	将窗口最大化
【Win】+↓	将最大化窗口还原，或将还原的窗口最小化
【Win】+Shift+←	将窗口移至左边显示器
【Win】+Shift+→	将窗口移至右边显示器

（三）菜单的操作

菜单是提供一组相关命令的清单，Windows 7 中大部分工作都可以通过菜单命令来完成的。

1. 菜单分类

（1）开始菜单，单击【开始】按钮弹出的菜单。

（2）窗口菜单，应用程序窗口所包含的菜单，作用是为用户提供该应用程序中可执行的命令。

（3）控制菜单，单击窗口中控制菜单按钮，弹出的一个下拉菜单称为控制菜单。

（4）快捷菜单，使用鼠标右击某个对象时，弹出的一个可用于该对象的菜单称为快捷菜单。

2. 选择菜单命令

（1）使用鼠标选择菜单命令。单击窗口菜单栏中的某一菜单项，打开该菜单，再单击所需的命令，就可以执行这条命令。

（2）使用键盘选择菜单命令。可以在窗口中先按下【Alt】键激活菜单栏，然后按下菜单名后带下划线的字母（如"文件(F)"中的 F）；或者按下【Alt】键后，使用左、右箭头键把亮条移至所需的菜单项上，再用上、下箭头键移至所需的命令项后按回车键。

（3）使用快捷键。快捷键通常是一个组合键，由【Alt】【Ctrl】或【Shift】键和一个字母键组成，它可用来执行对应的菜单命令。

（4）使用热键。热键是指菜单上带下划线字母的字母键。当弹出下拉菜单时，按下热键对应字母，执行它所代表的命令。

3. 命令选项的特殊标记

有些菜单命令选项带有特殊标记，如表 2-8 所示。

表 2-8　菜单命令选项

按键	功能
灰色字体的命令选项	表示该命令当前暂不能使用
命令选项前带√	表示该命令在当前状态下已起作用
命令选项前带·	表示该选项已经选用
命令选项后带…	表示选择该命令后将出现一个对话框
命令选项后带▶	表示选择该命令后将引出一个子菜单
命令选项后带 X	表示带下划线的字母为该命令的热键
命令选项后带有组合键	表示组合键为该命令的快捷键

4. 关闭菜单

（1）单击该菜单外的任意区域。

（2）按【Esc】键撤消当前菜单。

（四）对话框的操作

对话框是窗口的一种特殊形式，通常用于对话场合，由于完成的功能不同，对话框的形式多种多样。常用的对话框元素，如表 2-9 所示。

表 2-9 对话框元素

对话框元素	功能
选项卡（标签）	当对话框的内容较多，使用选项卡进行分页，将内容归类到不同的选项卡中，单击标签可在不同的选项卡之间切换
复选框	用于设定或取消某些项目，选择复选框时，单击勾选即可
单选钮	由多个单选钮组成一组，通常只能选择其中一个完成某种设置
列表框	以列表的形式显示某些设置的可选择项
下拉列表框	下拉列表框只显示一个当前选项
编辑框	用于输入文本或数值
按钮	对话框中有许多按钮，单击这些按钮可以打开某个对话框或应用相关设置

七、Windows 7 的文件操作

文件是 Windows 7 操作系统资源的重要组成部分，是 Windows 7 中最小的数据组织单位。一个文件是磁盘上存储的信息的一个集合，可以是文字、图片、影片和一个应用程序等。每个文件都有自己唯一的名称，Windows 7 正是通过文件的名字对文件进行管理。

知识点 14——
Windows 7 的
文件操作

（一）认识文件

1. 文件名的组成

在 Windows 7 中，文件名由"基本名"和"扩展名"构成，它们之间用英文"."隔开。例如，文件"YiF.JPG"的基本名是"YiF"，扩展名是"JPG"；文件"易飞的个人简历.docx"的基本名是"易飞的个人简历"，扩展名是"docx"。文件可以只有基本名，没有扩展名，但不能只有扩展名，没有基本名。

2. 文件命名规则

为新建的文件或文件夹命名或是重命名时，要遵守以下规则：

(1) 文件名或文件夹名可以由 1～256 个西文字符或 128 个汉字（包括空格）组成，不能多于 256 个字符。

(2) 文件名可以有扩展名，也可以没有。有些情况下系统会为文件自动添加扩展名。文件名与扩展名中间用符号"."分隔。

（3）文件名和文件夹名可以由字母、数字、汉字或"～""!""@""＃""＄""％""~""&"
"()""_""—""{}"""等组合而成。

（4）可以有空格,可以有多个"."。

（5）文件名或文件夹名中不能出现以下字符："\""/"":""＊""?"""""＜"">""|"。

（6）不区分英文字母大小写。

（7）同一文件夹下不能有同名文件,文件与文件夹不可以同名。

3. 文件地址

文件的地址由"盘符"和"文件夹"组成,它们之间用一个反斜杠"\"隔开,其中后一个文件夹是前一个文件夹的子文件夹。

4. 文件类型

文件的扩展名是 Windows 7 识别文件的重要方法,了解常见的文件扩展名对于学习和管理文件有很大的帮助。

（1）文本文件。文本文件是一种典型的顺序文件,其文件的逻辑结构属于流式文件,主要的文本文件类型如表 2-10 所示。

表 2-10　主要的文本文件类型

文件扩展名	文件简介
.txt	文本文件,用于存储无格式文字信息
.doc/.docx	Word 文件,使用 Microsoft Office Word 创建
.xls	Excel 电子表格文件,使用 Microsoft Office Excel 创建
.ppt	PowerPoint 幻灯片文件,使用 Microsoft Office PowerPoint 创建
.pdf	PDF 是一种电子文件格式,全称 Portable Document Format

（2）图像和照片文件。图像和照片文件由图像程序,或通过扫描、数码相机等方式生成,主要的图像和照片文件类型如表 2-11 所示。

表 2-11　主要的图像和照片文件类型

文件扩展名	文件简介
.jpeg	广泛使用的压缩图像文件格式,显示文件颜色没有限制,效果好,体积小
.psd	图像软件 Photoshop 生成的文件,可保存 Photoshop 中的专用属性,如图层、通道等信息,体积较大

（续表）

文件扩展名	文件简介
.gif	用于互联网的压缩文件格式，只能显示 256 种颜色，可以显示多帧动画
.bmp	位图文件，不压缩的文件格式，显示文件颜色没有限制，效果好，文件体积大
.png	PNG 能够提供长度比 GIF 小 30％的无损压缩图像文件，是网上比较受欢迎的图片格式之一

（3）压缩文件。压缩文件是通过压缩算法将普通文件打包压缩之后生成的文件，可以有效地节省存储空间，主要的压缩文件类型如表 2-12 所示。

表 2-12　主要的压缩文件类型

文件扩展名	文件简介
.rar	通过 RAR 算法压缩的文件，目前使用较为广泛
.zip	使用 ZIP 算法压缩的文件，历史比较悠久
.jar	用于 JAVA 程序打包的压缩文件
.cab	微软公司指定的压缩文件格式，用于各种软件压缩和发布

（4）音频文件。音频文件是通过录制和压缩生成的声音文件，主要的音频文件类型如表 2-13 所示。

表 2-13　主要的音频文件类型

文件扩展名	文件简介
.wav	波形声音文件，通常通过直接录制采样生成，体积比较大
.mp3	使用 MP3 格式压缩存储的声音文件，是使用最为广泛的声音文件格式之一
.wma	微软制定的声音文件格式，可被媒体播放机直接播放，体积小，便于传播
.ra	RealPlayer 声音文件，广泛用于互联网声音播放

（5）视频文件。视频文件是由专门的动画软件制作或通过拍摄方式生成的文件，主要的视频文件类型如表 2-14 所示。

表 2-14 主要的视频文件类型

文件扩展名	文件简介
.swf	Flash 视频文件,通过 Flash 软件制作并输出的视频文件,用于互联网传播
.avi	使用 MPG4 编码的视频文件,用于存储高质量视频文件
.wmv	微软公司制定的视频文件格式,可被媒体播放机直接播放,体积小,便于传播
.rm	RealPlayer 视频文件,广泛用于互联网视频播放

（6）其他常见文件类型如表 2-15 所示。

表 2-15 其他常见文件类型

文件扩展名	文件简介
.exe	可执行文件,二进制信息,可以被电脑直接执行
.ico	图标文件,固定大小和尺寸的图标图片
.dll	动态链接库文件,被可执行程序所调用,用于功能封装

5. 文件图标

在 Windows 7 中,文件的图标和扩展名代表了文件的类型,文件的图标和扩展名之间有一定的对应关系,看到文件的图标,知道文件的扩展名就能判断出文件的类型。

6. 文件大小

查看文件大小的方法如下：

（1）选择要查看大小的文件并单击鼠标右键,在弹出的快捷菜单中选择【属性】菜单命令,在打开的【属性】对话框中查看文件的大小。

（2）选择要查看大小的文件,使用【Alt＋Enter】组合键,打开【属性】对话框,查看文件的大小。

（二）文件的基本操作

1. 新建文件

通常情况下,用户可通过打开应用程序来创建文件,也可以通过右键快捷菜单创建各种文件,如 txt 文档、docx 文件,以创建一个 docx 为例。

（1）在桌面空白处单击鼠标右键,在弹出的快捷菜单中选择【新建】命令,在弹出的子菜单中选择【Microsoft Word 文档】命令。

（2）此时即新建一个名为"新建 Microsoft Word 文档 .docx"的文件。

（3）新创建的 Word 文件的名称处于可编辑状态,输入文字"个人简介"对其进行命名,按【Enter】键确认即可。

2. 选择文件

Windows 7 对文件或文件夹进行操作前,需要先对其进行选择,使其成为操作的对象,即"先选定,后操作"。

（1）选择单个文件或文件夹。用户可以使用鼠标直接单击文件或文件夹的图标将其选中,被选中的文件呈高亮显示状态。

（2）选择多个文件或文件夹。

① 选择多个不连续文件或文件夹。按住【Ctrl】键的同时,依次单击要选中的文件或文件夹,选择完毕后释放【Ctrl】键。

② 选择多个连续文件或文件夹。选中连续文件或文件夹中的第一个,按住【Shift】键,然后单击最后一个,则两者间的全部文件或文件夹均被选中。

（3）选择所有文件或文件夹。单击窗口工具栏中的【组织】按钮,在弹出的下拉列表中选择【全选】选项,或直接按【Ctrl＋A】组合键。

3. 查看文件的属性

如果用户想知道文件的详细信息,可以查看文件的属性。在需要查看属性的文件名上单击鼠标右键,在弹出的快捷菜单中选择【属性】菜单命令,弹出【属性】对话框。

（1）对话框中各个参数含义如表 2-16 所示。

表 2-16　对话框中各个参数

对话框中参数	参数简介
【文件类型】	显示所选文件的类型,如果类型为快捷方式,则显示项目快捷方式的属性,而非原始项目的属性
【打开方式】	打开文件所使用的软件程序名称
【位置】	显示文件在电脑中的位置
【大小】	显示文件的大小
【占用空间】	显示所选文件实际使用的磁盘空间,即文件使用簇的大小
【创建时间】	显示文件的创建日期
【修改时间】	显示文件的修改日期
【访问时间】	显示文件的访问日期
【只读】	设置文件是否为只读
【隐藏】	设置文件是否被隐藏

（2）选择【安全】选项卡，可设置每个用户的权限。

（3）选择【详细信息】选项卡，可查看文件的详细信息。

（4）选择【以前的版本】选项卡，可以查看文件早期版本的相关信息。

4. 查看文件的扩展名

Windows 7 默认情况下并不显示文件的扩展名，用户可以通过设置显示文件的扩展名，具体操作如下。

（1）打开【计算机】的任意窗口，选择【工具】菜单栏下的【文件夹选项】菜单命令。

（2）弹出【文件夹选项】对话框，选择【查看】选项卡，在【高级设置】栏中撤消选中【隐藏已知文件类型的扩展名】复选框。

（3）单击【确定】按钮，用户便可以查看文件的扩展名。

5. 打开和关闭文件

（1）打开文件，打开文件的常见方法有以下 3 种：

① 双击要打开的文件。

② 在需要打开的文件名上单击鼠标右键，在弹出的快捷菜单中选择【打开】菜单命令。

③ 利用【打开方式】打开。在需要打开的文件名上单击鼠标右键，在弹出的快捷菜单中选择【打开方式】菜单命令，在其子菜单中选择相关的软件。

（2）关闭文件，关闭文件的常见方法有以下 2 种：

① 一般在软件的右上角都有【关闭】按钮，单击【关闭】按钮，可以直接关闭文件。

② 按【Alt＋F4】组合键，可以快速关闭当前被打开的文件。

6. 复制和移动文件

在日常生活中，经常需要对一些文件进行备份、创建文件的副本，或者改变文件的位置，这就需要对文件进行复制或移动操作。

（1）复制文件的方法有以下 3 种：

① 选择要复制的文件，按住【Ctrl】键并拖动到目标位置。

② 选择要复制的文件，按住鼠标右键并拖动到目标位置，在弹出的快捷菜单中选择【复制到当前位置】菜单命令。

③ 选择要复制的文件，按【Ctrl＋C】组合键，然后在目标位置按【Ctrl＋V】组合键即可。

（2）移动文件的方法有以下 3 种：

① 通过剪切与粘贴方式移动文件。在需要移动的文件名上单击鼠标右键，并在弹出的快捷菜单中选择【剪切】菜单命令或使用【Ctrl＋X】快捷键，选定目标文件夹并单击鼠标右键，在弹出的快捷菜单中选择【粘贴】菜单命令或使用【Ctrl＋V】快捷键，选定的文件就被

移动到当前文件夹。

②选中要移动的文件,按住【Shift】键并拖动到目标位置。

③选中要移动的文件,用鼠标直接拖动到目标位置,即可完成文件的移动。

7. 删除文件和恢复文件

(1)删除文件的常用方法有以下4种:

①选择要删除的文件,按【Del】键。

②选择要删除的文件,使用工具栏中的【删除】菜单命令。

③选择要删除的文件,单击鼠标右键,在弹出的快捷菜单中选择【删除】菜单命令。

④选择要删除的文件,直接拖曳到【回收站】中。

删除命令只是将文件或文件夹移入【回收站】中,并没有从磁盘上清除,若需要彻底删除,可按【Shift+Del】组合键,在弹出的【删除文件】对话框中单击【确认】按钮。

(2)恢复文件。双击桌面上的【回收站】图标,打开【回收站】窗口,单击鼠标右键选择要恢复的文件,在弹出的快捷菜单中选择【还原】菜单命令,即可将该文件还原在删除时所在的位置。

8. 更改文件的名称

新建文件都是以一个默认的名称作为文件名,更改文件名称有如下3种方式:

(1)选择要更改名称的文件单击鼠标右键,在弹出的快捷菜单中选择【重命名】菜单命令。文件的名称以蓝色背景显示,直接输入文件的名称,按【Enter】键,即可完成对文件名称的更改。

(2)用户可以选择需要更改名称的文件,按【F2】键,快速地更改文件的名称。

(3)选择需要更名的文件,用鼠标单击文件名,此时选中的文件名显示为可编辑状态,在其中输入名称,按【Enter】键确认即可。

9. 隐藏和显示文件

隐藏文件可以增强文件的安全性,同时可以防止误操作导致文件丢失。文件被隐藏后,用户可随意调出隐藏文件。

(1)隐藏文件。选择需要隐藏的文件如"个人档案.docx"并单击鼠标右键,在弹出的快捷菜单中选择【属性】菜单命令。弹出【个人档案.docx】对话框,选择【常规】选项卡,然后勾选【隐藏】复选框,单击【确定】按钮,选择的文件即被成功隐藏。

(2)显示文件。在窗口选择【工具】菜单下的【文件夹选项】菜单命令。弹出【文件夹选项】对话框,选择【查看】选项卡,在【高级设置】列表中单击选中【显示隐藏的文件、文件夹和驱动器】选项,单击【确定】按钮。返回文件窗口,即可看到隐藏的文件显示出来,选择隐藏的文件并单击鼠标右键,在弹出的快捷菜单中选择【属性】菜单命令。

八、Windows 7 的文件夹操作

知识点 15——
Windows 7 的
文件夹操作

在 Windows 7 中,文件夹主要用来存放文件。文件夹是从 Windows 95 开始提出的一个名词,是 DOS 中目录的概念,在过去的电脑操作系统中,习惯于把它称为目录。树状结构的文件夹是目前微型计算机操作系统的流行文件管理模式。

(一) 认识文件夹

1. 文件夹命名规则

(1) 文件夹名称长度最多可达 256 个字符,1 个汉字相当于 2 个字符。文件夹名中不能出现的字符包括:斜线(/,\)、竖线(|)、小于号(<)、大于号(>)、冒号(:)、引号(")、问号(?)、星号(*)。

(2) 文件夹不区分大小写字母,如"abc"和"ABC"是同一个文件夹名。

(3) 文件夹通常没有扩展名。

(4) 同一个文件夹中的文件不能同名。

2. 文件夹图标

在 Windows 7 中,文件夹为默认图标 ,可以根据需要更改文件夹的图标,以突出显示重要的文件夹。

(1) 选择要更改图标的【重要资料】文件夹并单击鼠标右键,在弹出的快捷菜单中选择【属性】菜单命令。

(2) 弹出【重要资料 属性】对话框,选择【自定义】选项卡,单击【更改图标】按钮。

(3) 弹出【为文件夹 重要资料 更改图标】对话框。在【从以下列表中选择一个图标】列表中选择一个图标,单击【确定】按钮,更改图标。单击【还原为默认值】按钮,还原文件夹图标为默认图标。

(4) 返回【重要资料 属性】对话框,再次单击【确定】按钮,即可更改文件夹的图标。

另外,文件夹的选择和查看操作与文件一致。

(二) 认识资源管理器

"资源管理器"是 Windows 系统提供的资源管理工具,我们可以通过"资源管理器"查看本台电脑的所有资源,其树形的文件系统结构,使我们能更清楚、更直观地管理电脑的文

件和文件夹。

1. 打开资源管理器窗口

在资源管理器窗口可以打开文件夹或库。双击桌面的【计算机】图标,可直接打开资源管理器窗口,如图 2-16 所示。

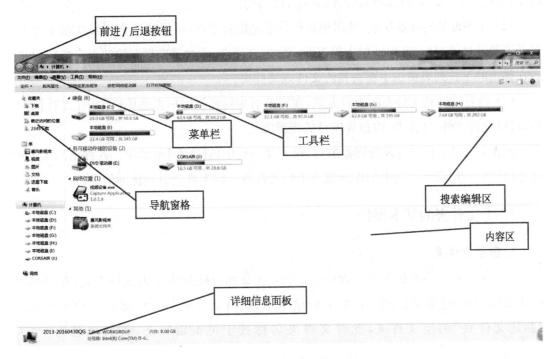

图 2-16　【资源管理器】窗口

(1) 导航窗格。使用导航窗格可以访问库、文件夹及整个硬盘。使用【收藏夹】可以打开最常用文件夹和搜索,使用【库】可以访问库,还可以展开【计算机】文件夹浏览文件夹和子文件夹。

(2) 库用于管理文档、音乐、图片和其他文件。可以使用与在文件夹中浏览文件相同的方式浏览库文件,也可以查看按属性(如日期、类型和作者)排列的文件。

(3) 菜单栏。资源管理器的菜单栏可以显示或隐藏,可在工具栏上选择【组织|布局|菜单栏】设置菜单栏。

(4) 工具栏。工具栏上的按钮随所选对象的不同而不同,可执行一些常见任务。

(5) 地址栏。显示当前文件夹的路径,也可通过输入路径的方式打开文件夹,还可通过单击文件夹名或下三角按钮切换到相应的文件夹中。

(6)【前进】【后退】按钮。单击这两个按钮可在浏览过的文件夹之间切换,使用【后退】按钮可以返回到刚才访问的文件夹,使用【前进】按钮可以回到正访问的文件夹中。

（7）搜索编辑框。在其中输入关键字，可查找当前文件夹中存储的文件或文件夹。

（8）详细信息面板。显示当前文件夹或所选文件的有关信息。

2. 使用资源管理器窗口

（1）展开和折叠文件列表，在资源管理器窗口中的"导航窗格"中单击左侧带空心箭头的库、文件夹、磁盘，就可以将其展开，并显示其子项。

（2）使用地址栏导航功能，使用地址栏导航功能搜索库，可以快速查找文件或文件夹。打开资源管理器窗口，在地址栏中单击库、文件、文件夹、磁盘等项目右侧的下三角按钮，然后在弹出的下拉列表中选中要查找的文件或文件夹。

（3）设置文件和文件夹的查看方式，在资源管理器窗口中单击菜单栏中的【查看】菜单项，可以设置文件、文件夹、磁盘等项目的查看方式。

操作方法为：打开资源管理器窗口，单击菜单栏中的【查看】菜单项。在弹出的菜单中选择【详细信息】命令。选中的库或磁盘中的文件或文件夹都会显示详细信息。

（三）文件夹的基本操作

1. 新建文件夹

（1）使用右键的快捷菜单。操作方法为：在桌面或磁盘中单击鼠标右键，在弹出的快捷菜单中选择【新建】命令，在其下级菜单中选择【文件夹】命令，即可新建一个名为"新建文件夹"的空文件夹，此时文件夹名称处于可编辑状态，将其命名为"个人简历"。

（2）使用【新建文件夹】按钮，在磁盘中单击工具栏中的【新建文件夹】按钮，可以创建文件夹。操作方法为：双击新建的"个人简历"文件夹，进入该文件夹后，在工具栏上单击【新建文件夹】按钮，新建一个名为"新建文件夹"的子文件夹，此文件夹名称处于可编辑状态，可以将其命名为"兴趣"。

2. 查看文件夹属性

每一个文件夹都有一定的属性信息，查看文件夹的属性方法如下：

（1）选定要查看属性的文件夹（以"个人简历"文件夹为例）并单击鼠标右键，在弹出的快捷菜单中选择【属性】菜单命令，弹出文件夹的【个人简历 属性】对话框，在【常规】选项卡下可以查看文件夹的常规信息。

（2）选择【共享】选项卡，单击【共享】按钮，可实现文件夹的共享操作。

（3）选择【安全】选项卡，可设置每个用户对文件夹的权限。

（4）选择【以前的版本】选项卡，可以看到以前的版本信息。

（5）选择【自定义】选项卡，可以优化文件夹、设置文件夹图片和文件夹图标等。

3. 设置文件夹的显示方式

用户可以设置文件夹的显示方式,包括排列方式和显示大小等。

(1) 在需要设置文件夹的显示方式路径下单击鼠标右键,在弹出的快捷菜单中选择【查看】菜单下的【中等图标】菜单命令。

(2) 系统将自动以中等图标的形式显示文件和文件夹。

(3) 再次单击鼠标右键,并在弹出的快捷菜单中选择【排列方式】菜单下的【修改日期】菜单命令。

(4) 系统将自动根据文件夹的修改日期排列。

4. 文件夹选项

用户可以在【文件夹选项】中对文件夹进行详细设置。

(1) 在【计算机】的任意路径下,按【Alt】键,调出工具栏,选择【工具】菜单下的【文件夹选项】菜单命令。

(2) 弹出【文件夹选项】对话框,在【常规】选项卡下用户可以设置文件夹的【常规】属性。

(3) 选择【查看】选项卡,在【高级设置】中勾选【隐藏已知文件类型的扩展名】复选框,可隐藏文件的扩展名,用户还可以根据需要更改文件夹的其他高级设置。

(4) 选择【搜索】选项卡,在此选项卡下用户可以设置搜索内容、搜索方式和在搜索没有索引的位置时的操作。

5. 创建文件夹的快捷方式

对于经常使用的文件夹,可以为其建立快捷方式,将其放在桌面上或其他可以快速访问的地方。

(1) 选择需要创建快捷方式的文件夹并单击鼠标右键,在弹出的快捷菜单中选择【发送到】菜单下的【桌面快捷方式】菜单命令。

(2) 系统将自动在桌面上添加一个【新建文件夹】的快捷方式,双击即可打开该文件夹。

6. 重命名文件夹

(1) 选择要重命名的文件夹,按【F2】键或单击鼠标右键,在弹出的快捷菜单中,选择【重命名】菜单命令,文件夹名称处于可编辑状态。

(2) 重新输入要命名的名称,输入完成后按【Enter】键完成命名。

7. 隐藏和显示文件夹

文件夹隐藏和显示的基本操作和文件的操作类似,下面介绍如何使用 Windows 命令行隐藏和显示文件夹。

（1）按【Windows＋R】组合键，打开【运行】对话框，在文本框中输入"cmd"命令，并单击确定按钮。

（2）弹出命令行窗口，在命令行中输入"attrib"命令，注意命令后包含空格。

（3）将要隐藏的文件夹拖曳到命令行窗口。

（4）此时，文件夹的路径就会显示在命令行上。用户也可以将文件夹路径直接输入到命令行上。

（5）按【Space】键，在命令行中输入"＋s ＋h ＋r"命令。

（6）按【Enter】键，这时该文件夹即被隐藏。

（7）若要显示该文件夹，将命令中的"＋s ＋h ＋r"改为"－s—h －r"即可。

（8）按【Enter】键，该文件夹就会显示出来。

（四）文件和文件夹的查找

使用 Windows 7 的搜索功能，可以方便、快速地找到指定文件和文件夹。搜索功能可以使用通配符，通配符是指用来代替一个或多个未知字符的特殊字符，常用星号（＊）代表文件中的任意字符串，问号（?）代表文件中的一个字符。

1. 使用【开始】菜单搜索

（1）单击【开始】按钮或者直接按【Win】按钮，弹出【开始】菜单。

（2）在【搜索程序和文件】搜索框中输入要搜索的内容，如输入"视频"，即可显示搜索结果。

2. 使用搜索框搜索

使用【计算机】窗口顶部的【搜索计算机】搜索框可以在整个计算机或某个磁盘或文件夹中搜索文件或文件夹。例如，知道要搜索的文件位于【E:\实验】文件夹中，可以先打开【E:\实验】文件夹，再进行搜索，可以节省搜索时间。

（1）使用关键词搜索。如果知道搜索文件或文件夹的部分名称，可以输入名称关键词进行搜索。例如，搜索【E:\实验】文件夹中包含"工作"关键词的文件和文件夹。操作方法为：双击桌面的【计算机】图标，打开【计算机】窗口，打开【E:\实验】文件夹。在【搜索计算机】搜索框中输入"工作"，计算机将自动开始搜索并显示"实验"文件夹中名称包含"工作"的文件和文件夹。

（2）从搜索结果中搜索。搜索结果如果包含的内容过多，可以使用【修改日期】和【大小】进行搜索。例如，在【E:\实验】文件夹中搜索"工作"的结果中搜索【修改日期】为"2023/3/27"、【大小】为"大（1—16MB）"的文件和文件夹。操作方法为：在"实验"搜索结果中单击搜索框，在弹出的列表中单击【修改日期】按钮。在弹出的【选择日期或日期范围】

列表中选择【2023/3/27】选项,即可显示【修改时间】为"2023/3/27"的搜索结果,再次单击【大小】按钮,在弹出的列表中选择"大(1—16MB)"选项,即可显示最终的搜索结果。

(3)扩展搜索。如果在特定库或文件夹中无法找到需要查找的内容,可以使用扩展搜索。单击搜索结果最下方的【在以下内容中再次搜索:】选项,选择相应的选项在选择的位置搜索。

(五)文件或文件夹的高级管理

1. 压缩/解压缩文件或文件夹

为了节省磁盘空间或者便于传送,用户需要将文件或文件夹进行压缩和解压缩处理。

(1)压缩文件或文件夹,以压缩【客户管理】文件夹为例。操作方法为:选中【客户管理】文件夹,单击鼠标右键,在弹出的快捷菜单中选择【添加到压缩文件】命令。弹出【压缩文件名和参数】对话框,勾选【RAR】复选框,单击【浏览】按钮,在弹出的【查找压缩文件】对话框的【桌面】选项,单击【确定】按钮即进入压缩状态。压缩完成后,可以在保存位置看到该压缩文件。

(2)解压缩文件或文件夹。例如,对之前压缩的文件【客户管理.rar】进行解压。操作方法为:在桌面上,选中【客户管理.rar】文件,单击鼠标右键,在弹出的快捷菜单中选择【解压文件】命令,弹出【解压路径和选项】对话框,选中【桌面】选项,单击【确定】按钮即进入解压状态。解压完成后,可在桌面上看到解压出的【客户管理】文件夹。

2. 加密重要的文件或文件夹

对于重要的文件或文件夹,用户可以通过加密的方法来保护其安全。与隐藏的文件和文件夹相比,加密过的文件和文件夹只能被当前用户正常使用。以加密【成交客户】文件夹为例,具体操作方法为:选中【成交客户】文件夹,单击鼠标右键,在弹出的快捷菜单中选择【属性】命令,弹出【成交客户 属性】对话框,单击【高级】按钮,弹出【高级属性】对话框,在【压缩或加密属性】组中选中【加密内容以便保护数据】复选框,单击【确定】按钮,返回【成交客户 属性】对话框,单击【确定】按钮,弹出【确认属性更改】对话框,此处保持默认设置,单击【确定】按钮。此时可以看到加密后的文件夹名称呈绿色显示。

九、Windows 7 的应用软件

Windows 7 操作系统本身集成了许多实用的小程序,虽然这些程序功能有限,但可以用来执行一些基本任务,辅助日常计算机的办公使用,优化计算机的工作环境和满足用户使用媒体文件的需求。

知识点 16——
Windows 7 的
小程序

（一）Windows 7 附件程序的应用

1. 便笺

（1）新建便笺。操作方法为：在任务栏中，单击【开始】按钮，在【所有程序】里表中选择【附件】选项，在弹出的【附件】列表中选择【便笺】选项。此时在桌面的右上角出现一个黄色的便笺纸，此时即可在便笺中输入内容。在便笺中单击左上角的【新建便笺】按钮，可以新建一个或多个便笺。

（2）修改便笺样式。默认情况下，便笺纸的颜色是黄色的，用户可以根据需要利用右键菜单改变其底色，通过拖动便笺纸四周的边框线或角点改变其大小。操作方法为：在便笺中单击鼠标右键，在弹出的快捷菜单中选择【粉红】命令，即可将其底色设置为粉红色。将鼠标指针移动到便笺的四周，拖动鼠标左键即可调整其大小。

（3）删除便笺。操作方法为：在便笺中单击右上角的【删除便笺】按钮。弹出【便笺】对话框，直接单击【是】按钮即删除便笺。

2. 画图程序

画图程序是 Windows 自带的一款图像绘制和编辑工具，用户可以使用它绘制简单的图像，或对电脑中的图片进行处理。

（1）认识画图程序，在任务栏中单击【开始】按钮，在【所有程序】列表中选择【附件】选项，在弹出的【附件】列表中选择【画图】选项，打开画图程序，如图 2-17 所示。

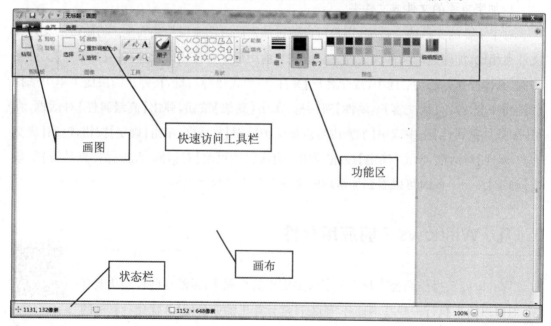

图 2-17　【画图】窗口

① 快速访问工具栏,单击【保存】按钮可保存文件,单击【撤消】按钮可撤消上一步操作,单击【重做】按钮可重做撤消的操作。

② 画图,单击【画图】按钮,在展开的列表中选择相应选项,可以执行新建、保存和打印图像文件,以及设置画布属性等操作。

③ 功能区,包括【主页】和【查看】2 个选项卡,利用功能区中的按钮可以完成画图程序的大部分操作。

④ 画布,相当于真实绘图时画布,用户可以拖动画布的边角来调整画布的大小。

⑤ 状态栏,显示当前工作状态。拖动右侧的滑块可调整画布的显示比例。

(2) 使用画图程序绘图,绘制一个图形与文字结合的图标为例,了解画图程序的使用方法,操作方法如下:

① 在【附件】列表中选择【画图】选项。

② 打开画图程序,切换到【主页】选项卡;在【形状】组中单击【椭圆形】。

③ 此时鼠标指针变成十字形状,按住【Shift】键,在画布中绘制一个圆形。

④ 在【颜色】组中单击【红色】选项,此时圆形的轮廓变成了红色。

⑤ 在【粗细】组中单击【8px】选项,此时圆形的线条粗细变成了"8px"。

⑥ 在【颜色】组中单击【浅黄色】选项。

⑦ 在【工具】组中单击【用颜色填充】按钮。

⑧ 此时,鼠标指针变成了一个颜料桶,在圆形区域内单击鼠标,即可将圆形填充为浅黄色。

⑨ 在【颜色】组中选择【黑色】选项。

⑩ 在【工具】组中单击【文本】按钮。

⑪ 在画布中单击即可创建一个文本框,然后输入文字"山水"。

⑫ 在【文本工具】栏中,切换到【文本】选项卡,在【字体】组中的【字号】下拉列表中选择【36】。

⑬ 选中文本框,将其移动到合适位置,使文字正好处于圆形中。

⑭ 在画图程序窗口中单击【保存】按钮。

⑮ 弹出【另存为】对话框,在左侧的导航窗格中选择【桌面】选项,在【保存类型】下拉列表中选择【PNG(﹡.png)】选项,在【文件名】文本框中输入"图标.png",单击【保存】按钮。

⑯ 此时即可在桌面上看到保存的图片文件。

3. 计算器

Windows 7 中的计算器分为"标准型""科学型""程序员""统计信息"等模式,用户可以根据需要选择特定的模式进行计算。在【附件】列表中选择【计算器】选项,此时打开标准型计算器,如果要进行科学运算,可以切换到科学型计算器。单击【查看】按钮,在弹出的下拉列表中选择【科学型】选项即可将计算器切换到科学性计算器。

4. 记事本

记事本是一个基本的文本编辑器,功能单一,但使用方便,可以随记随存。在【附件】列表中选择【记事本】选项即可打开记事本。如要保存"记事本",单击【文件】,在下拉菜单中选择【保存】命令,弹出【另存为】对话框,在左侧的导航窗格中选择【桌面】选项,在【保存类型】下拉列表中选择【文本文档(＊.txt)】选项,在【文件名】文本框中输入"学习记录.txt",单击【保存】按钮即可在桌面上看到保存的文本文件。

5. 录音机

使用 Windows 7 附件中的"录音机"程序可以录制声音,并将录制的声音作为音频文件保存在电脑中。在任务栏中单击【开始】按钮,在【附件】列表中选择【录音机】选项。打开【录音机】程序,单击【开始录制】按钮,即可进入音频录制状态。录制完成,单击【停止录制】按钮,弹出【另存为】对话框,选择合适的位置保存,在【文件名】文本框中输入文字"声音1.wma",单击【保存】按钮即可在相应的保存位置查找录制的音频文件。

(二)办公辅助程序的使用

1. Windows 照片查看器

在 Windows 7 操作系统中,用户可以使用照片查看器浏览电脑中 JPG、BMP 等常见格式的图片,还可以对图片进行简单的编辑操作。

(1)查看图片。操作方法为:在图片库中,选中要打开的图片,单击鼠标右键,在弹出的菜单中选择【打开方式|Windows 照片查看器】菜单项,此时选中的图片就用 Windows 照片查看器打开了。单击【上一个】按钮或【下一个】按钮,可浏览同一文件夹中的其他图片。单击【顺时针旋转】按钮或【逆时针旋转】按钮,可旋转图片。单击【更改显示大小】按钮,在弹出的尺度条中拖动鼠标调整图片显示大小。单击【缩放】按钮,可将图片"按窗口大小显示"或显示其"实际大小"。单击【放映幻灯片】按钮,进入幻灯片放映状态,单击鼠标左键即可切换到下一张幻灯片。

(2)编辑图片。使用 Windows 照片查看器,配合画图工具,可以对图片进行简单编辑。操作方法为:在 Windows 照片查看器中,单击【打开】,在下拉列表中选择【画图】选项打开画图工具,切换到【主页】,在【工具】组中单击【文本】按钮,在图片上单击鼠标左键,即可创建一个文本框,在文本框中输入文字"清新自然";选中文字,在【字体】组中的【字号】下拉列表中选择"72",在【颜色】组中选择【红色】选项,单击【保存】按钮,即可将修改保存到图片中,关闭画图工具,返回至 Windows 照片查看器,查看编辑后效果。

2. 截图工具

Windows 7 自带的截图工具能够将屏幕中显示的内容截取为图片,并保存为文件或复制到其他程序中。操作方法为:在任务栏中单击【开始】按钮,依次选择【所有程序|附件|截图工具】选项,启动截图工具。单击【新建】按钮右侧的下三角按钮,在展开的下拉列表中可以看到以下 4 种截图方式。

(1) 任意格式截图。选择该方式时,在屏幕中按住鼠标左键并拖动,可以将屏幕上任意形状和大小的区域截取为图片。

(2) 矩形截图。默认截图方式,在屏幕中按住鼠标左键并拖动,可以将屏幕中的任意矩形区域截取为图片。

(3) 窗口截图。在屏幕中单击某个窗口,可将该窗口截取为完整的图片。

(4) 全屏幕截图。选择该方式时,可以将整个显示器屏幕中的图像截取为一张图片。

以“任意格式截图”为例进行截图:打开截图工具,单击【新建】,在下拉列表中选择【任意格式截图】选项,此时鼠标指针变成剪刀形状,拖动鼠标即可截取任意形状的图片,释放鼠标,即可截取所圈选区域为图片。

3. 放大镜

使用 Windows 7 自带的放大镜可以将电脑屏幕上的任何内容放大若干倍,从而让用户更清晰地查看屏幕内容。单击【开始】按钮,在【附件】列表中选择【轻松访问|放大镜】选项,即可启动放大镜程序。放大镜主要包括 3 种模式:

(1) 全屏模式。在该模式下,放大镜工具,将自动全屏放大当前屏幕中显示的内容,用户可以使放大镜跟随鼠标指针移动。

(2) 镜头模式。在该模式下,鼠标指针周围的区域会被放大,移动鼠标指针时,放大的屏幕区域随之移动。

(3) 停靠模式。在该模式下,屏幕被分为上下两部分,上方为放大的区域,下方为正常显示的区域。用户可以通过移动鼠标指针来控制放大的屏幕区域。

以停靠方式为例:打开放大镜程序,单击【视图】按钮,在下拉列表中选择【停靠】选项。此时,屏幕被分为上下两部分,上方为放大的区域,下方为正常现实的区域。

(三) 系统优化程序的使用

在日常工作中可以通过磁盘清理、整理磁盘碎片等方式,优化系统,提高电脑运行速度。

1. 磁盘清理

(1) 在任务栏中单击【开始】按钮,在【附件】列表中选择【系统工具】选项,在弹出的列表中选择【磁盘清理】选项。

（2）弹出【磁盘清理：驱动器选择】对话框，在【驱动器】下拉列表中选择磁盘【(D:)】，单击【确定】按钮。

（3）弹出【(D:)的磁盘清理】对话框，在【要删除的文件】列表中勾选全部复选框，单击【确定】按钮。

（4）弹出【磁盘清理】对话框，单击【删除文件】按钮。

2. 整理磁盘碎片

磁盘长期使用就会产生一些碎片，影响电脑的运行速度，此时可以使用系统自带的磁盘碎片整理程序对这些碎片进行整理。

（1）在任务栏中单击【开始】按钮，在【附件】列表中选择【系统工具】选项，在弹出的列表中选择【磁盘碎片整理程序】程序。

（2）弹出【磁盘碎片整理程序】对话框，在【当前状态】列表框中选择磁盘【(D:)】，单击【分析磁盘】按钮。

（3）进入分析磁盘状态。

（4）分析完成后，单击【磁盘碎片整理】按钮。

（5）进入磁盘碎片整理状态。

（6）磁盘碎片整理完毕后，单击【关闭】按钮即可。

（四）应用程序的修复与卸载

通过 Windows 7 自带的应用程序管理器，不仅可以看到系统中已经安装的所有程序的详细信息，还可以修复、卸载这些程序。

1. 修复程序

（1）在任务栏中单击【开始】按钮，选择【控制面板】菜单项。

（2）进入【控制面板】窗口，单击【程序】选项。

（3）进入【程序】窗口，单击【程序和功能】选项。

（4）进入【程序和功能】窗口，在【程序】列表中选中要修复的程序，单击【修复】按钮进行修复即可。

2. 卸载程序

（1）打开【程序和功能】窗口，在【程序】列表中选中要卸载的程序，单击【卸载/更改】按钮进行卸载。

（2）弹出【卸载】对话框，按照提示进行卸载。

十、Windows 7 的网络应用

网络影响着人们生活和工作的方式。通过上网,我们可以和万里之外的亲友交流信息,也可以使用网络搜索和下载需要的内容。网络使生活变得更加便利,使办公变得更加快捷,而网络应用的前提是要在系统中进行网络的连接设置。

知识点 17——
Windows 7 的
网络应用

(一) 网络设置

连接网络是上网的前提,只有确保网络通畅,才能够实现各种网络应用。

1. 网络连接

常见的网络连接方式,如表 2-17 所示。

表 2-17　常见的网络连接方式

接入方式	宽带服务商	主要特点
小区宽带	中国电信、中国联通、长城宽带等	(1) 光纤接入、共享带宽,用的人少时,速度快,用的人多时,速度会变慢 (2) 安装网线到户,不需要调制解调器
4G、5G(移动通信技术)	中国移动 中国电信 中国联通	(1) 便捷,无线上网,不需要网线,支持移动设备和电脑的上网 (2) 具有更高的传输速率 (3) 灵活性强,应用范围广,可应用到众多终端,实现通信和数据的实时传输 (4) 与拨号上网相比,无线通信资费较高

2. 如何创建无线局域网

实现多台电脑和移动设备无线上网需要配备无线路由器。无线路由器的连接方式和有线路由器的连接方式相同,但要实现无线上网,需要开启路由器的无线网络功能。

(1) 进入无线路由器登录界面,输入路由器的管理员用户名和密码。打开管理员模式窗口,单击管理员模式中的【选线设置】选项。

(2) 在展开项中,选择【基本设置】选项,设置无线网名称 SSID,勾选【开启无线功能】和【开启 SSID 广播】两个选项,单击【保存】按钮即可。

(3) 单击展开项中的【无线安全设置】选项,在弹出的页面中,选择无线网络模式,单击选中【WPA-PSK/WPA2-PSK】单选项,该模式下加密方法更为安全,然后在 PSB 密码文本框中输入无线网络密码。

（4）设置完毕后，单击【保存】按钮，保存设置的参数，然后根据提示重启路由器即可。

（二）认识浏览器

浏览器是指可以显示网页服务器或者文件系统的 HTML 文件内容，并与这些文件交互的一种软件。

1. IE 浏览器

IE 浏览器是 Windows 操作系统的一个组成部件，以 IE 9 为例，浏览器界面中各部分的功能，如图 2-18 所示。

图 2-18　【IE 浏览器】窗口

（1）标题栏，用于显示网页的标题。

（2）地址栏，显示正在浏览的网页网址，也可以在此输入要浏览的网页的地址。

（3）命令栏，命令栏中包括多个按钮。【主页】按钮，可直接返回浏览器设置的主页界面，功能同【Alt＋Home】组合键。【收藏】按钮，可查看收藏夹、源、历史记录。【工具】按钮，单击可弹出快捷菜单，包括在 IE 浏览器中相应设置和操作菜单命令。

2. 360 浏览器

360 浏览器是互联网上安全好用的新一代浏览器，拥有国内领先的恶意网址库，采用云查杀引擎，可自动拦截挂马、欺诈、网银仿冒等恶意网址。独创的"隔离模式"，让用户在访问木马网站时也不会感染。无痕浏览，能够更大限度保护用户的上网隐私。360 浏览器体积小巧、速度快、极少崩溃，并拥有翻译、截图、鼠标手势、广告过滤等几十种实用功能，已成为广大网民上网的优先选择。

3. Chrome 浏览器

Chrome 浏览器是由谷歌公司开发的开放原始码网页浏览器。Chrome 浏览器采用多进程架构,保证了浏览器不会因恶意攻击和应用软件而崩溃。每个标签、窗口和插件都是在各自的环境中运行,某一个站点出现问题并不会影响其他站点。Chrome 浏览器采用 Webkit 引擎,简易小巧,速度相当快。

(三) 使用 IE 浏览器浏览网页

在连接到 Internet 后,我们就可以使用 IE 浏览器浏览网页中的内容了。

1. 使用地址栏浏览网页

如果知道要访问网页的网址即 URL,可以直接在 IE 浏览器的地址栏中输入该网址,然后按【Enter】键,或单击【转至】按钮打开该网页。例如,在地址栏中输入“龙知网”网址 http://longzhi.net.cn,按【Enter】键,即可进入该网站的首页。

2. 使用超链接浏览网页

内容丰富的网页都会存在多个链接,用户可以通过单击相应的链接打开网页进行浏览。打开 IE 浏览器,在地址栏中输入网址,如 http://longzhi.net.cn,按【Enter】键,打开“龙知网”首页,在其中单击【课程】超链接。此时,即可看到打开的新网页。

3. 删除上网记录

打开 IE 浏览器,选择【工具|删除浏览的历史记录】选项,弹出【删除浏览的历史记录】对话框,勾选想要删除的内容的复选框,单击【删除】按钮,系统将删除浏览的历史记录。

(四) 收藏网页

IE 浏览器提供了收藏夹功能,帮助用户记录喜欢的网址。

1. 将浏览的网页添加至收藏夹

(1) 打开一个需要添加到收藏夹的网页,单击【收藏】按钮,在弹出窗口中,单击【添加到收藏夹】按钮,或者按【Ctrl＋D】组合键。

(2) 打开【添加收藏】对话框,单击【添加】按钮,即可直接收藏。

2. 归类与整理收藏夹

(1) 打开 IE 浏览器,按【Alt】键,激活并显示浏览器的菜单栏,选择【收藏夹|整理收藏夹】选项。

(2) 打开【整理收藏夹】对话框,单击【新建文件夹】按钮,输入文件夹的名称为“学习网站”,按【Enter】键。

(3) 将列表框中收藏的网页拖曳到合适的文件夹中。

（4）整理完毕后，在【整理收藏夹】对话框中双击相应的文件夹，即可在其下方显示该文件夹下的网页。

（五）保存网页上的内容

浏览网页时，经常会遇到一些有参考和保留价值的资料，这时就需要将网页进行下载并保存，方便以后查阅。

1. 保存网页上的图片

（1）打开一个存在图片的网页，在图片的任意位置处单击鼠标右键，从弹出的快捷菜单中选择【图片另存为】选项。

（2）打开【保存图片】对话框，在【文件名】文本框中输入要保存图片的名称，单击【保存类型】右侧的下拉按钮，在弹出的下拉列表中选择【JPEG（＊.jpg）】选项，单击【保存】按钮，即可将图片保存到该文件夹下。

2. 保留网页上的文字

打开一个包含文本信息的网页，选中需要复制的文本信息，单击鼠标右键，在弹出的快捷菜单中选择【复制】选项，或者按【Ctrl＋C】组合键复制。单击【开始】按钮，在弹出的菜单中选择【所有程序|附件|记事本】选项，打开记事本窗口，选择【编辑|粘贴】选项或按【Ctrl＋V】组合键，将复制的网页文本信息粘贴到记事本中，选择【文件|保存】选项，将网页中的文本信息保存至记事本。

（六）网络搜索

网络中的资源极多，用户要想寻找自己需要的资料，就需要进行网络搜索。

1. 认识各种搜索工具

搜索工具也被称为搜索引擎，运用特定的计算机程序搜集互联网上的信息，在对信息进行组织和处理后，将处理后的信息显示给用户。常用的搜索引擎有：

（1）百度，全球领先的中文搜索引擎，可以搜索页面、图片、新闻、MP3 音乐、百科知识及专业文档等内容。

（2）搜狗。全球第三代互动式搜索引擎，拥有独特的 SogouRank 技术及人工智能算法。

2. 使用百度搜索新闻

（1）打开百度首页，在首页中单击【新闻】超链接，进入新闻搜索页面。在【百度搜索】文本框中输入想要搜索的新闻的关键字，如输入"在线教育"。

（2）单击【百度一下】按钮，即可打开有关"在线教育"的新闻搜索结果。单击需要查看的新闻超链接，即可在打开的页面中查看详细的新闻。

3. 使用百度搜索信息

（1）打开百度首页，在首页中单击【百科】超链接，进入百科搜索页面。在【百度搜索】文本框中输入想要搜索的百科知识的关键字，如输入"计算机"。

（2）单击【进入词条】按钮，打开有关"计算机"的百科知识搜索结果。

4. 搜索网站查看资讯

以"美食天下"网站为例：

（1）打开 IE 浏览器，在地址栏中输入"美食天下"网站的网址"http://www.meishichina.com/"，单击【转到】按钮，打开该网站的首页。

（2）单击导航栏中的【资讯】按钮，打开其子菜单项。用户可以通过单击详细的资讯信息超链接，进入相应的网页中查看具体的资讯。

（3）单击【健康】按钮，打开【健康】下的子链接。用户可以通过单击相应的超链接，进入有关饮食健康的信息查询。

（4）单击【菜谱】按钮，用户可以查看相关美食的菜谱。

以赶集网为例：

（1）在 IE 地址栏中输入赶集网的网址，打开赶集网首页。单击热门城市入口中的【进入哈尔滨站】超链接。

（2）进入赶集网的哈尔滨网站页面，单击导航栏中的【租房】超链接。

（3）进入出租房信息页面，在其中查询符合自己条件的租房信息，如设置【区域地标】【房源】等信息。

（4）单击一个具体的租房信息超链接，进入详细的房子信息页面，其中包括租金、面积、地址及联系方式等。通过联系方式，租房人可以与出租房人详谈。

十一、Windows 7 的网络娱乐

Windows 7 提供了功能强大的多媒体娱乐功能，用户使用此功能可以听歌、看电影、看电视等。同时，用户可以通过 QQ、微博等社交平台进行即时通信，表达自己的心情和感受。网络使这些娱乐内容更加丰富、方便，还可以查询生活信息，给用户的生活带来了更多便捷。

知识点18——
Windows 7 的
网络娱乐（上）

（一）听音乐

1. 使用电脑自带的播放器

使用 Windows Media Player 可以播放音频 CD、数据 CD，以及包含音乐文件或视频文

件的媒体 CD。

（1）单击任务栏上的【Windows Media Player】按钮，第一次使用【Windows Media Player】播放器时，将打开【欢迎使用 Windows Media Player】界面，系统正在获取信息。

（2）获取信息完成后，在【欢迎使用 Windows Media Player】界面中进行初始设置，单击选中【推荐设置】选项，然后单击【完成】按钮。

（3）进入【正在迁移 Windows Media Player 媒体库】界面。迁移完成后，进入【播放列表】界面。

（4）单击【单击此处】超链接，在【播放列表】下新建一个播放列表，在列表中输入列表的名称，这里输入"儿歌"。

（5）单击【播放】标签，打开【播放列表】选项卡，选中要播放的音乐，按住鼠标左键将其拖曳至播放列表处，释放鼠标。

（6）选中要播放的音乐文件，单击【播放】按钮，即可欣赏音乐。

2. 在线听音乐

用户可以从网站上下载各种播放器来播放网络音乐，目前比较流行的播放器有酷我音乐、酷狗音乐、QQ 音乐等。以"酷我音乐"为例介绍在线听音乐的具体操作方法。

（1）下载并安装"酷我音乐"软件，安装完成后，启动软件，进入酷我音乐的播放主界面。

（2）在酷我音乐盒界面中，可选择"歌词 MV""曲库""下载""我的""首页""排行榜""电台""MV""歌手"等。

（3）选择要播放的音乐，如打开【酷我热歌榜】音乐列表，单击歌曲后的【播放歌曲】按钮即可。

（4）单击【歌词 MV】选项卡，可查看歌词。

（5）单击左侧的【观看 MV】按钮，可观看歌曲的 MV。

（6）单击【下载歌曲】按钮，弹出下载歌曲界面，选择歌曲资源或 MV 资源后，并设置保存的位置，单击【立即下载】按钮即可将歌曲下载到电脑中。

（二）在线看电影

用户可以下载在线视频播放器来播放本地电影或在线电影，如优酷、爱奇艺、腾讯视频等，以腾讯视频为例介绍在线看电影的具体操作方法。

（1）下载并安装腾讯视频软件，打开软件即可看到主界面，左侧为节目分类列表。

（2）单击左侧的节目分类，滚动鼠标滚轮，浏览电影名称，将鼠标指针放到电影名字上，弹出电影简介的浮窗，单击电影即可播放该影片。

（3）双击播放界面，可全屏播放显示。

（三）在线看电视

现在很多电视台都在网上开通了多媒体频道，既有直播节目，也有以前节目的回放，以"中国网络电视台"为例介绍如何网上观看电视直播。

（1）打开 IE 浏览器，在【地址栏】中输入"http://tv.cctv.cn/"，按【Enter】键，进入中国网络电视台页面，拖动右侧滑块，可看到电视频道。

（2）将鼠标指针拖动到 CCTV-9 电视频道上，此时左侧弹出浮窗，单击预览界面上的播放画面。

（3）此时可以看到这个频道的直播，单击右侧节目列表，回看已播放的电视节目。

（4）双击播放界面，可全屏观看，按【ESC】键可退出全屏模式。

（四）生活查询

随着网络的普及，天气、车票、地图等生活信息都可以在网上进行查询。

1. 天气查询

（1）打开百度首页，在【搜索】文本框中输入要查询的内容，如输入"哈尔滨天气预报"，单击【百度一下】按钮。

（2）打开的界面中会列出有关哈尔滨天气的查询结果。单击【哈尔滨天气预报 一周天气预报 中国天气网】超链接，可在打开的页面中查询哈尔滨最近一周的天气情况，包括气温、风向等。

2. 车票查询

（1）打开 IE 浏览器，在地址栏中输入"http://www.12306.cn/"，按【Enter】键进入该网站。

（2）单击【旅客列车时刻表查询】超链接，在弹出的【车票预订】页面的查询栏中设置出发地、目的地和出发日信息，单击【查询】按钮。

（3）此时，该页面会显示查询的列车时刻票信息，也可从该页面看到车票的剩余情况。

（4）若要在网上订票，可单击【预订】按钮，根据提示登陆已注册账号，填写【乘客信息】【席别】【票种】等，输入验证码，单击【提交订单】按钮提交订票信息，并根据提示进行支付，支付成功后，即完成网上订票流程。

3. 地图查询

（1）打开百度首页，单击【地图】链接，打开百度地图页面，输入要查找的地区，如这里输入"哈尔滨"，单击【百度一下】按钮，即可查看需要的地图。

（2）单击地图中的放大或缩小按钮，可更详细地查看地图，并精确到街道。

（3）将鼠标指针放至地图中，此时鼠标指针会变为手形，按下鼠标左键不放，拖曳鼠标可以对地图进行上、下、左、右的平移查看。

（4）在查看地图时，还可以通过地图测量现实中的距离。首先单击地图上方【工具】中的【测距】按钮，然后在地图中单击第1个位置来确定起点，最后拖曳鼠标选择第2个位置确定终点，即可显示两个位置间的实际距离。

（五）网上购物

网上购物是指用户通过电脑、手机、平板电脑等联网设备，在电子商务网站搜索并购买喜欢的商品，购买方便、无区域限制、价格便宜。

1. 认识网购平台

购物网站有很多，用户可以根据自己需要购买的商品类目，选择合适的网站平台，常见的购物网站类型有 C2C 和 B2C。

（1）C2C，英文 Consumer to Consumer 的缩写，即消费者对消费者，指个人与个人之间的电子商务。代表网站有淘宝、易趣、拍拍等。

（2）B2C，英文 Business to Consumer 的缩写，意指商家对客户。代表网站有天猫商城、京东商城、当当网、亚马逊等。

2. 购物流程

各类购物网站，购物流程基本一致，如图 2-19 所示。

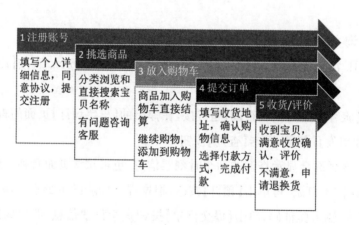

图 2-19　购物流程

以淘宝为例：

1）注册账号

（1）打开淘宝网的主页面，单击【免费注册】链接，进入淘宝网注册页面，根据页面的提示信息输入相应的内容,勾选【同意协议并注册】复选框。

(2) 进入【验证账户信息】页面,输入手机号,单击【提交】按钮。若用户不想使用手机号进行注册,则可以单击【使用邮箱验证】超链接,打开邮箱【验证账户信息】页面,在其中输入电子邮箱地址。

(3) 打开【短信获取验证码】对话框,在其中输入手机号码。单击【提交】按钮,则可以获取短信验证码。

(4) 在其中输入手机获取的 6 位数字验证码。单击【验证】按钮,进入提示页面去邮箱激活账户。

(5) 单击【去邮箱激活账户】按钮,进入电子邮箱,在收件箱中可以查看淘宝网发送的激活账户信件,单击【完成注册】按钮。

(6) 淘宝网提示账户注册成功。

2) 挑选商品

(1) 分类浏览。打开淘宝首页,单击鼠标,拖曳右侧的滑块按钮,可浏览商品的分类信息。例如,单击【数码】类目下的【平板】超链接。在弹出的搜索页面内,即可看到搜索到的相关结果。此时用户可以选择产品的属性、折扣、保障等信息,缩小宝贝的搜索范围。

(2) 直接输入产品名称搜索。打开淘宝网的主页面,在搜索文本框中输入搜索商品的名称。例如,输入"iPad",单击【搜索】按钮。弹出搜索结果页面,筛选产品的属性、人气、价格等,然后在列表中单击选择查看喜欢的产品。

(3) 放入购物车。选择好产品后,就可以加入购物车了,以淘宝网为例。在宝贝详情页面,选择要购买的产品属性,这里选择"iPad mini"选项,然后单击【加入购物车】按钮。此时,页面会提示【添加成功】的信息,如需继续购买商品,关闭该页面,继续将需要购买的商品添加至购物车;如购买完毕,单击【去购物车结算】按钮进行结算。

3) 提交订单

(1) 商品挑选完毕后,单击顶部右侧的【购物车】超链接,进入购物车页面,勾选要结算的商品,如需要删除商品可单击商品右侧的【删除】按钮,确定无误后,单击【结算】按钮。

(2) 跳转到【确认收货地址】页面,编辑详细的收货地址。如果要添加新收货地址,可单击【使用新地址】按钮添加。确定信息无误后,单击【提交订单】按钮。

(3) 转到支付宝付款界面,在页面中选择付款的方式,如果选用支付宝余额支付,在密码输入框中输入支付密码,单击【确定付款】按钮。如果选用储蓄卡、信用卡、现金或刷卡、消费卡方式,在页面下面根据提示付款。

(4) 如填写支付密码无误,成功支付后,系统会提示成功付款信息。单击【查看已买到宝贝】超链接,可查看已购买商品的信息。

（5）在【已买到的宝贝】页面，可以看到已付款信息，等待卖家发货即可。如果对于购买的宝贝不满意，可单击【退款/退货】超链接。

（6）进入申请退款页面，在【退款原因】项中，单击下拉按钮，选择退款原因，可选择填写退款说明，并单击【提交退款申请】按钮。提交完毕后可等待卖家同意退款或联系卖家说明情况。

4）收货/评价

确认收货是在商品没问题的时候，同意把交易款项打款给卖家。

（1）如果收到卖家发的商品，且确认没有问题，可进入并登录淘宝网，单击顶部【我的淘宝|已买到的宝贝】超链接，在需确定收货的商品右侧，单击【确认收货】按钮。

（2）跳转至确认收货页面，在该页面输入支付密码，并单击【确认】按钮。

（3）在弹出的【来自网页的消息】对话框中，单击【确定】按钮，即会将交易款项打给卖家，如不确定，请单击【取消】按钮。

（4）交易成功后，可发起对卖家的评价。在交易成功页面，单击右侧的下拉滑块，拖曳鼠标到页面底部，即可对产品进行评价。

注意：商品交易都有固定的交易时长，如买家在交易时间内未对交易作出任何操作，交易超时后，淘宝将款项自动打给卖家。

3. 网上购物注意事项

选择正规的网上购物平台；个人信息慎填，防止广告骚扰；保障账号安全，避免公共场合输入账号密码；货比三家，选择最优。与卖家交流，确认商品信息；选择支付的方式，使用第三方支付工具，慎用网银直接交易；收货再打款；合理处理纠纷。

（六）使用 QQ 聊天

知识点 19——
Windows 7 的
网络娱乐（下）

腾讯 QQ 软件不仅支持在线信息、即时传送信息、即时交谈、即时传输文件，而且还具有发送离线文件、超级文件、聊天室、共享文件、QQ 邮箱、游戏、网络收藏夹和发送贺卡等功能。

1. 注册 QQ 账号

（1）下载并安装 QQ 软件，安装完成后，双击桌面上的 QQ 快捷图标，打开【腾讯 QQ】登录界面，单击【注册账号】按钮。

（2）自动打开 IE 浏览器，并进入"QQ 注册"页面，选择【QQ 账号】选项，在右侧的窗格中输入相关信息。

（3）勾选【我已阅读并同意相关服务条款】复选框，单击【立即注册】按钮。

（4）申请成功，得到一个 QQ 账号。

2. 登录 QQ

（1）打开 QQ 登录界面，输入申请的 QQ 账号及密码，并单击【登录】按钮。

（2）验证信息成功后，登录到 QQ 的主界面。

3. 添加好友

（1）在 QQ 的主界面中，单击【查找】按钮。

（2）弹出【查找】对话框，输入账号或昵称，单击【查找】按钮。

（3）在【查找联系人】对话框下方将显示查询结果，单击右侧的【添加好友】按钮。

（4）弹出添加好友对话框，输入验证信息，单击【下一步】按钮。

（5）在打开的窗口中单击【分组】文本框右侧的下拉按钮，在弹出的下拉列表中选择好友的分组，单击【下一步】按钮。

（6）发送请求将会自动发出，单击【完成】按钮。

（7）好友接收请求后将会给出提示，打开后将会提示已经成为好友的聊天界面，此时可发送消息进行聊天。

4. 与好友聊天

（1）发送文字消息。收发信息是 QQ 最常用和最重要的功能，用户可以双击好友头像，打开即时聊天窗口，输入发送的文字信息，单击【发送】按钮。

（2）发送表情。在即时聊天窗口中单击【选择表情】按钮。弹出系统默认表情库，选择需要发送的表情，如微笑图标，单击【发送】按钮发送表情。

（3）发送图片。将电脑中或相册中的图片分享给朋友，操作方法为：在即时聊天窗口中单击【发送图片】按钮，在弹出的菜单中，选择图片的来源，这里选择【发送本地图片】，单击【发送】按钮。

5. 语音与视频聊天

在双方都安装了声卡及驱动程序，并配备音箱或者耳机、话筒的情况下，才可以进行语音聊天。

双击要进行语音聊天的 QQ 好友的头像，在聊天窗口中单击【开始语音会话】按钮右侧的下三角按钮，在弹出的下拉列表中选择【开始语音会话】选项，向对方发送语音聊天请求。如果对方同意语音聊天，会提示已经和对方建立了连接，此时用户可以调整麦克风和扬声器的音量大小，并进行通话。单击【挂断】按钮可结束语音聊天。

在双方安装好摄像头的情况下，就可以进行视频聊天。双击要进行视频聊天的 QQ 好友的头像，在聊天窗口中单击【开始视频会话】按钮右侧的下三角按钮，在弹出的下拉列表中选择【开始视频会话】选项，向对方发送视频聊天请求。如果对方同意视频聊天，会提示已经和对方建立了连接，并显示出对方的头像。如果没有安装摄像头，则只可进行语音聊天。

6. 查看聊天记录

使用 QQ 聊天之后,我们可以查看聊天记录。在 QQ 界面上选择需要聊天的好友的头像,单击鼠标右键,在弹出的快捷菜单中选择【消息记录|查看本地消息】选项。打开【消息管理器】窗口,浏览与好友的聊天记录。单击【删除】按钮,可以删除选中的聊天信息。

(七) QQ 空间

QQ 空间属于博客,用户可以在 QQ 空间上写日志,上传图片,听音乐,记录心情和玩游戏等。

1. 装扮 QQ 空间

(1)单击 QQ 主界面上的【QQ 空间】按钮,进入 QQ 空间。拖曳光标指向【装扮】按钮,在弹出的下拉对话框中,单击【自定义】按钮。

(2)在【装扮空间】页面中选择【选择配色】选项卡,进入【选择配色】页面,用户可以根据自己的需要选择喜欢的色调。

(3)在【装扮空间】页面中选择【高级设置】选项卡,进入【高级设置】页面,在【选择排版】选项中可以选择喜欢的板式。

(4)单击【一键装扮】按钮,进入【一键装扮】界面,可选择喜欢的空间皮肤装扮。如果用户不想使用付费皮肤,可在文本框中输入"免费"并按【Enter】键。

(5)此时会列出免费的空间皮肤,单击选择喜欢的皮肤。

(6)单击顶部的【保存】按钮,即可保存该皮肤效果。

2. 写日志

(1)打开 QQ 空间页面,单击【日志】按钮,进入【日志】页面,在【我的日志】列表框中单击【写日志】超链接。

(2)进入【写日志】页面,在【标题】文本框中和【正文】文本框中输入详细的日志内容。单击顶部或底部的【发表】按钮即可完成发表。

(八) 微博

提供微博服务的厂商有很多,如腾迅微博、新浪微博等,当前比较主流、使用人数较多的是新浪微博。

1. 发表微博

(1)登录微博页面,在"有什么新鲜事想告诉大家?"文本框中输入自己的新鲜事,如最近的心情、遇到的事情等,单击【发布】按钮。

（2）在【我的微博】主页下方显示发布的言论。

（3）在发表微博时,也可以单击【表情】【图片】【视频】等按钮添加多媒体元素。

2. 添加关注的人

（1）打开新浪微博首页,单击顶部的【搜索】按钮。

（2）在搜索页面,将要添加为关注人的昵称或微博账号输入文本框中。这里输入"回忆专用小马甲",并单击【找人】链接。以搜索列表中,单击【加关注】按钮添加关注人。

3. 转发与评论微博

（1）选择要转发的微博,单击微博内容下的【转发】链接。

（2）弹出【转发微博】对话框,在文本框中输入要评论的内容,单击【转发】按钮即可看到微博首页下所转发的微博内容。

（九）网上下载

在网络的虚拟世界中,用户可以搜索到几乎所有的资源,并将想要保存的数据下载到自己的电脑硬盘之中。

1. 下载途径

（1）下载音乐。代表网站有 QQ 音乐、网易云音乐等。

（2）下载电影。代表网站有爱奇艺、腾讯视频、优酷视频等。

（3）下载软件。代表网站有太平洋下载、天空下载站、华军软件园等。

（4）下载文档。代表网站有百度文库、道客巴巴等。

2. 下载方式

（1）另存为。另存为是保存文件的一种方法,也是下载文件的一种方法。

（2）使用 IE 下载。用 IE 浏览器直接下载是最普遍的一种下载方式,但是这种下载方式不支持断点续传,一般只在下载小文件的情况下使用,不适合下载大文件。

（3）使用下载软件普通下载。当需要将较大的文件保存到自己的电脑中时,需要使用下载软件进行下载。常用的下载软件有迅雷、电驴等,使用这些软件的下载一般都是普通下载。

（4）BT 下载。BT 是一种互联网 P2P 传输协议,全名为"BitTorrent",中文全称为"比特流"。该下载模式充分利用其他下载者的网络宽带资源,以提高自己的下载速度,因此它有着普通下载模式无法比拟的优势。

BT 的工作原理是首先在上传者端把一个文件分成多个部分,客户端甲在服务器随机下载了第 n 个部分,客户端乙在服务器随机下载了第 m 个部分。这样甲的 BT 就会根据情况下载乙已经下载好的 m 部分,乙的 BT 就会根据情况下载甲已经下载好的 n 部分。

而种子就是下载的网友,这个文件有多少种子就是有多少个网友在下载同时上传。

3. 下载音乐

(1) 打开百度首页,在首页中单击【MP3】超链接,进入 MP3 搜索页面。在【百度搜索】文本框中输入想要搜索的音乐的关键字,如输入"水手",单击【百度一下】按钮。

(2) 打开有关"水手"的音乐搜索结果,并单击需要下载的音乐名称。

(3) 在打开的页面中单击【下载】按钮。

(4) 在弹出的新页面中,选择音乐的品质,单击【下载】按钮,在底部弹出的下载对话框中,选择【保存】按钮,即可进行下载。

4. 下载电影

以使用迅雷下载为例。

(1) 启动迅雷,并打开【迅雷】下载窗口,单击【迅雷】窗口中的【免费高清下载】超链接。

(2) 进入【迅雷大全】窗口,单击【下载专区】按钮。

(3) 进入【下载专区】页面,可以看到迅雷提供的大量电影与其他影视剧作。

(4) 单击【电影】模块中的【更多】超链接,进入【下载-电影】专区,将鼠标放置在喜欢的电影页面上,单击电影图标下方的【下载】按钮。

(5) 弹出【新建任务】对话框,在其中通过单击【浏览】按钮设置下载文件的保存位置。单击【立即下载】按钮,打开迅雷下载页面。

(6) 此时,即可看到正在下载的列表。

5. 下载软件

一般情况下,用户可以在软件的官方网站下载最新的软件。以下载 360 杀毒软件为例。

(1) 打开 IE 浏览器,在地址栏中输入"http://sd.360.cn",单击【转到】按钮,打开 360 杀毒软件的首页,单击【立即安装】按钮。

(2) 打开下载对话框,提示用户是否运行或保存此文件,单击【保存】按钮即可进入下载。

(3) 下载完毕后,单击【查看下载】按钮查看下载列表,单击【运行】按钮运行软件安装程序。

十二、Windows 7 的优化与安全

知识点 20——
Windows 7 的
优化与安全

电脑的日常使用会造成很多空间被浪费,用户需要及时优化系统以提高电脑的性能。有效维护系统安全,对电脑进行优化,可以使电脑在最优的状态下

运行,使电脑的操作更加方便、快捷。

(一) 加快开机速度

电脑的开启和关闭是一个复杂的过程,可以对电脑的开机和关机进行优化。

1. 调整系统停留启动的时间

(1) 选中桌面上的【计算机】图标并单击鼠标右键,从弹出的快捷菜单中选择【属性】选项。

(2) 打开【系统】窗口,在其中可以查看有关电脑的基本信息。

(3) 单击【高级系统设置】选项,弹出【系统属性】对话框,单击【高级】选项卡可看到有关系统的配置和属性问题。

(4) 单击【高级】选项卡中【启动和故障恢复】选项组右边的【设置】按钮,弹出【启动和故障恢复】对话框。

(5) 勾选【在需要时显示恢复选项的时间】复选框,并根据需要设置文本框的时间,单位是秒。

(6) 在【启动和故障恢复】对话框中撤消选中【系统失败】选项组中的【将事件写入系统日志】复选框。设置完毕后,单击【确定】按钮保存设置。至此,就完成了调整系统启动停留时间的操作。

2. 设置开机启动项目

在电脑启动的过程中,自动运行的程序叫作开机启动项目,它们会浪费大量的内存空间,并减慢系统启动速度,因此,要想加快开机速度,就必须设置开机启动项目。

(1) 按【Windows＋R】组合键,打开【运行】对话框,在文本框中输入"msconfig",单击【确定】按钮。

(2) 打开【系统配置】对话框。

(3) 选择【启动】选项卡,进入【启动】设置界面,用户可以在其列表框中撤消选中不需要在启动时运行的程序。设置完毕后,单击【确定】按钮。

(4) 打开【系统配置】对话框,提示用户需要重新启动电脑使更改生效,单击【重新启动】按钮即可。

3. 减少开机滚动条的时间

用户可以通过修改注册表的键值减少开机的滚动条时间。

(1) 按【Windows＋R】组合键,打开【运行】对话框,在文本框中输入"regedit",单击【确定】按钮,打开【注册表编辑器】窗口。

（2）在左侧窗格中依次单击 HKEY ＿ LOCAL ＿ MACHINE \ SYSTEM \ CurrentControlSet\Control\SessionManager\MemoryManagement\PrefetchParameters 注册表项。

（3）在【注册表编辑器】窗口右侧"EnablePrefetcher"键值单击鼠标右键，在弹出的快捷菜单中选择【修改】选项。

（4）弹出【编辑 DWORD(32 位)值】对话框，在【数值数据】文本框中输入"1"，单击【确定】按钮。

（5）"EnablePrefetcher"键值被设置为"1"，这样系统启动滚动条只转一圈就会打开系统。

（二）加快系统运行速度

用户可以对电脑中的一些选项进行设置，如禁用无用的服务组件，设置最佳性能，结束多余的进程，整理磁盘碎片等，从而加快电脑运行速度。

1. 禁用无用的服务组件

（1）在桌面上选中【计算机】图标并单击鼠标右键，从弹出的快捷菜单中选择【管理】选项。

（2）打开【计算机管理】窗口，在左侧任务窗格中依次选择【计算机管理|服务和应用程序|服务】选项。

（3）在右侧列表框中选中需要禁用的服务选项并单击鼠标右键，从弹出的快捷菜单中选择【停止】选项。

（4）再次选中需要禁用的服务选项并单击鼠标右键，从弹出的快捷菜单中选择【属性】选项。

（5）打开【属性】对话框，单击【启动类型】右侧的下拉按钮，从弹出的下拉列表中选择【禁用】选项。

（6）设置完毕后，单击【确定】按钮，即可完成设置。

提示：用户可以禁用的服务组件有 PrintSpooler(打印服务)、Task Scheduler(计划任务)、FAX(传真服务)、Messenger(局域网消息传递)、Remote Registry(提供远程用户修改注册表)等。

另外，可以在【Windows 任务管理器】窗口中，停止服务的运行。在桌面上，按【Ctrl＋Alt＋Del】组合键，打开选择界面，单击【启动任务管理器】按钮，打开【Windows 任务管理器】窗口，选择【服务】选项卡，打开【服务】设置界面，在列表框中选中无用的服务并单击鼠标右键，从弹出的快捷菜单中选择【停止服务】选项。

2. 设置最佳性能

（1）单击【开始】按钮，从弹出的【开始】菜单中选择【控制面板】选项，打开【控制面板】窗口。

（2）在【控制面板】窗口中单击【系统和安全】选项，打开【系统和安全】窗口。

（3）单击【系统和安全】窗口中的【系统】选项，在左侧窗格中选择【高级系统设置】选项，打开【查看有关计算机的基本信息】窗口。

（4）打开【系统属性】对话框，选择【系统属性】对话框中的【高级】选项卡，在打开的界面中单击【性能】组合框中的【设置】按钮，打开【性能选项】对话框，在其中选择【视觉效果】选项卡，默认情况下选中【让 Windows 选择计算机的最佳设置】单选项。

（5）单击选中【调整为最佳性能】单选项，列表框中所有选项前的复选框都被撤消选中，用户也可以单击选中【自定义】单选项，对列表框中的选项进行设置。设置完毕后，单击【确定】按钮或【应用】按钮，系统就会根据用户的选择对系统外观与性能进行设置，从而提高电脑运行的速度。

3. 磁盘碎片整理

磁盘碎片整理程序能够重新整理合并碎片数据，有助于电脑更高效地运行。

（1）打开【计算机】窗口，选择需要整理碎片的分区并单击鼠标右键，在弹出的快捷菜单中选择【属性】选项。以 D：盘为例。

（2）弹出【本地磁盘（D：）属性】对话框，选择【工具】选项卡。

（3）在【碎片整理】组合框中单击【立即进行碎片整理】按钮，弹出【磁盘碎片整理程序】窗口，单击【磁盘碎片整理】按钮。

（4）系统开始自动分析磁盘，在【进度】栏中显示碎片分析的进度。

（5）分析完成后，系统开始自动对硬盘碎片进行整理操作。

（6）除了手动整理磁盘碎片外，用户还可以设置自动整理碎片的计划，在【磁盘碎片整理程序】对话框中单击【配置计划】按钮，打开【磁盘碎片整理程序：修改计划】对话框，用户可以设置自动检查碎片的频率、日期、时间和磁盘分区。

4. 结束多余的进程

按【Ctrl＋Alt＋Del】组合键，打开【Windows 任务管理器】窗口，选择【进程】选项卡，可看到本机中开启的所有进程。在进程列表中查找并选中多余的进程，单击鼠标右键，从弹出的快捷菜单中选择【结束进程】或【结束进程树】选项。弹出【Windows 任务管理器】对话框，提示用户是否要结束选中的进程，单击【结束进程树】按钮，结束选中的进程，单击【取消】按钮，取消删除进程的操作。

(三) 系统瘦身

对于不常用的功能,可以将其关闭,从而给系统瘦身,提高电脑性能。

1. 关闭系统还原功能

(1) 按【Windows＋R】组合键,弹出【运行】对话框,在【打开】文本框中输入"gpedit.msc"命令,单击【确定】按钮,弹出【本地组策略编辑器】窗口。在窗口左侧选择【计算机配置|管理模板|系统|系统还原】选项,在窗口的右侧中双击【关闭系统还原】选项。

(2) 弹出【关闭系统还原】窗口,单击选中【已启用】单选项,单击【确定】按钮。

2. 更改临时文件的位置

把临时文件转移到非系统分区中,既可以为系统瘦身,又可以避免在系统分区内产生大量的碎片而影响系统的运行速度,还可以轻松查找临时文件,并手动删除。

(1) 右键单击桌面上的【计算机】图标,在弹出的快捷菜单中选择【属性】选项,弹出【系统】窗口,单击【高级系统设置】选项。

(2) 弹出【系统属性】对话框,单击【高级】选项卡中的【环境变量】按钮。

(3) 打开【环境变量】对话框,选择【Path】变量,单击【编辑】按钮。

(4) 弹出【编辑用户变量】对话框,在【变量值】文本框中根据需要设置变量值,单击【确定】按钮。

(5) 设置完成后,返回到【环境变量】对话框,可以看到变量的路径已经改变。使用同样的方法更改变量 TMP 的值,单击【确定】按钮,完成临时文件夹位置的更改。

(四) 使用软件优化电脑

使用软件对操作系统进行优化是常用的优化系统的方式之一,以"360 安全卫士"为例,介绍使用软件优化电脑的方式。双击桌面上的【360 安全卫士】快捷图标,打开【360 安全卫士】主窗口,单击【立即体检】按钮进入体检过程。电脑体检完毕后,可看到电脑中存在的问题,单击【一键修复】按钮进入修复过程。发修复完成后,软件会提示修复的情况,如部分问题未能修复,会建议手动修复,用户可根据情况选择性地手动修复。

(五) 查杀病毒

用户一旦发现计算机运行不正常,要分析原因,并利用杀毒软件进行杀毒操作。

1. 安装杀毒软件

目前流行的杀毒软件很多,如 360、瑞星、金山、卡巴斯基、诺顿等,这些杀毒软件都有各自的优点,用户可以根据自己的需求进行选择。下面以 360 杀毒软件为例,介绍如何安装杀毒软件。

（1）打开 360 安全中心的官方网站"sd.360.cn"，单击【免费下载】按钮，根据提示下载程序。

（2）安装程序下载完成之后，自动弹出【360 杀毒正式版安装】窗口，单击【立即安装】按钮即可安装。

（3）软件安装成功，自动进入软件主界面。

2. 查杀电脑中的病毒

以 360 杀毒软件为例：打开 360 杀毒软件，单击【快速扫描】按钮，即可进行快速扫描。软件只会对内存及关键系统文件位置进行病毒查杀。扫描完成后，如果发现安全威胁，勾选威胁对象前的复选框，单击【立即处理】按钮，360 杀毒软件将自动处理病毒文件。处理完成后，单击【确认】按钮，完成本次病毒的查杀。

3. 升级病毒库

病毒库其实是一个数据库，想要让电脑对新病毒有所防御，就必须保证本地杀毒软件的病毒库已更新至最新版本，以 360 杀毒软件为例，了解如何更新升级 360 杀毒软件的病毒库进行升级。

（1）手动设计病毒库。打开 360 杀毒软件，单击顶部状态栏中【检查更新】按钮，软件自动从网络服务器中获取升级数据，升级完成后关闭窗口即可。

（2）制订病毒库升级计划（自动升级）。打开 360 杀毒软件，单击右上角的【设置】按钮，选择【升级设置】选项，在弹出的对话框中设置【自动升级设置】【其他审计设置】【代理服务器设置】，设置完成后单击【确定】按钮。

（六）预防病毒

用户的各种操作行为都有可能导致电脑感染病毒，在电脑感染病毒之前要做好充分的防御工作。

1. 修补系统漏洞

除了要开启杀毒软件的实时防护，系统本身的漏洞也是重大隐患之一，所以用户还必须要及时修复系统的漏洞，下面以 360 安全卫士为例，介绍如何修补系统漏洞。具体操作方法为：打开 360 安全卫士软件，单击【系统修复】选项，进入【系统修复】窗口，单击【漏洞修复】按钮。软件会列出需要修复的漏洞，单击【立即修复】按钮，软件会自动执行漏洞补丁下载及安装修复。所有漏洞及补丁修复完成后，单击【马上重启电脑让补丁生效吧！】链接，重启电脑完成修补系统漏洞。

2. 设置定期杀毒

打开 360 杀毒软件，单击右上角的【设置】按钮，选择【常规设置】选项，在【定时查毒】选项栏中勾选【启用定时杀毒】复选框,即完成定期杀毒的相关设置。

3. 设置系统自带的防火墙

单击【开始】按钮,在弹出的【开始】菜单中选择【控制面板】选项,打开【控制面板】窗口,单击【Windows 防火墙】选项,打开【Windows 防火墙】窗口,在左侧窗格中可以看到【允许程序或功能通过 Windows 防火墙】【更改通知设置】【打开或关闭 Windows 防火墙】等选项,单击【打开或关闭 Windows 防火墙】选项。在打开的窗口中单击【使用推荐设置】按钮,打开【自定义设置】窗口,即可在【家庭或工作(专用)网络位置设置】和【公用网络位置设置】设置组中设置 Windows 防火墙。

十三、软件的基本操作

知识点 21——
软件的基本
操作

一台完整的电脑包括硬件和软件,在操作系统安装完成后,用户可以通过安装各种需要的软件提高电脑使用的便捷性。

(一) 软件的安装

一般情况下,应用程序的安装大致相同,分为运行软件的主程序、接收许可协议、选择安装路径和进行安装等步骤。

1. 认识常用的软件

(1) 办公软件。办公类软件主要是指用于文字处理、电子表格制作、幻灯片制作等用途的软件,如微软公司的 Office 系列是全世界应用最广泛的办公软件之一。

(2) 图像处理软件。图像处理软件主要用于编辑或处理图形图像文件,应用于平面设计、三维设计、影视制作等领域,如 Photoshop、CorelDRAW、绘声绘影、美图秀秀等。

(3) 媒体播放器。媒体播放器是指用于播放多媒体的软件,包括网页、音乐、视频和图片 4 类播放器软件,如 Windows Media Player、迅雷看看、Flash 播放器等。

(4) 聊天互动软件。聊天互动软件主要指不同地域区的人,通过即时通信软件实现网上聊天、视频通话、交友互动等,如 QQ、微信等。

(5) 安全防护软件。为防止电脑在使用中出现死机、黑屏、重新启动、电脑反应速度过慢或中毒,可以安装安全防护软件。常用的安全防护软件有 360 安全卫士、卡巴斯基杀毒软件、金山毒霸等。

2. 获取软件安装程序

安装软件的前提需要有软件安装程序,一般是 EXE 程序文件,还有不常用的 MSI 格式和 RAR、ZIP 格式,获取软件安装程序的方法多种多样,主要有以下 3 种。

（1）安装光盘。购买硬件设备时，一般都会随机附送光盘，用户也可以根据需要购买正版实体软件。

（2）官网下载。官方网站是指公司或个人建立的最具权威或唯一指定网站。如在浏览器中输入 sd.360.cn 网址，进入官方网站单击【立即下载】按钮下载该软件。

（3）电脑管理软件下载。电脑管理软件可以对软件进行管理、下载和安装，常用的有 360 安全卫士、电脑管家等。

3. 安装软件

以安装"Microsoft Office Professional Plus 2013"为例，演示安装过程。双击打开 Office 2013 安装程序，弹出安装提示窗口。在弹出的对话框中阅读软件许可条款，勾选【我接受此协议的条款】复选框，单击【继续】按钮，在弹出的对话框中选择安装类型，这里选择单击【自定义】按钮。在弹出的对话框中设置升级选项、自定义程序的运行方式以及软件的安装位置，单击【立即安装】按钮，系统开始安装软件，在弹出的对话框中显示当前安装进度。弹出提示安装完成的对话框，单击【关闭】按钮关闭安装向导，完成 Office 的安装。

（二）软件的更新/升级

1. 自动检测升级

用户可以设置软件自动检测升级，以"360 安全卫士"为例，介绍自动检测升级的方法。启动 360 安全卫士程序，单击界面右下角的【点击可查看升级更新】按钮，弹出【正在获取新版信息】对话框，获取完毕后弹出【发现新版本，请选择要升级到的版本】对话框，单击【立即升级】按钮。弹出【正在下载安装文件】对话框，显示下载的进度，下载完成后，单击安装将软件更新到最新版本。

2. 使用第三方软件升级

用户可以通过第三方来升级软件，以"360 软件管家"为例。打开 360 软件管家界面，选择【软件升级】选项卡，界面中显示可以升级的软件，单击【升级】按钮或【一键升级】按钮。

（三）卸载程序

计算机中安装的程序过多，会导致计算机运行速度缓慢，此时用户需要将不常用的软件卸载，腾出更多的空间以保证计算机的运行或其他软件的安装。

1. 使用自带的卸载软件

软件安装完成后，自带的卸载软件会自动添加在【开始】菜单中，如果需要卸载软件，可以在【开始】菜单中查找自带的卸载组件，以卸载"微信"为例。单击【开始】按钮，在弹出的【开始】菜单中选择【所有程序|微信|卸载微信】菜单命令。弹出【微信卸载】对话框，单击

【确定】按钮。此时,系统开始自动卸载程序,以蓝色条的形式显示卸载的进度。卸载完成后,单击【确定】按钮。

2. 使用【添加或删除程序】卸载

对于没有自带卸载组件的软件,可以使用【添加或删除程序】功能卸载程序。单击【开始】按钮,在弹出的【开始】菜单中选择【控制面板】菜单命令,在弹出的【控制面板】窗口中选择【卸载程序】选项。弹出【卸载或更改程序】窗口,选择需要卸载的程序,单击【卸载】按钮。弹出【酷狗音乐卸载程序】对话框,单击【是】按钮,卸载完成后,单击【确定】按钮。

3. 使用 360 软件管家卸载程序

软件在安装的过程中,会在注册表中添加相关的信息,普通的卸载方法不能将软件彻底删除,这时可以使用第三方软件卸载程序,以使用 360 软件管家卸载程序为例,具体操作方法如下。

(1) 启动 360 安全卫士,在打开的主界面中单击【软件管家】按钮。

(2) 弹出【360 软件管家】窗口,单击【软甲卸载】按钮,在【软件名称】列表框中选择需要卸载的程序,单击右侧的【卸载】按钮。

(3) 弹出【QQ 音乐 19.2.0 卸载】提示对话框,用户可以根据需要进行选择,然后单击【是】按钮,进行卸载。

(4) 卸载完成后,返回【360 软件管家】界面,单击【强力清扫】按钮。

(5) 在弹出的【360 软件管家 - 强力清扫】窗口中,勾选要清除的项目,然后单击【删除所选项目】按钮。

(6) 清扫完毕后,返回【360 软件管家】界面,显示卸载完成。

(四) 软件的启动与退出

使用软件之前,首先需要掌握如何启动与退出软件,以 Office 2013 中的 Word 2013 组件为例,了解启动与退出软件的方法。

1. Office 2013 的启动

(1) 单击【开始】按钮,选择【所有程序|Microsoft Office 2013|Word 2013】选项。

(2) 在弹出的创建文档界面中选择【空白文档】选项,打开 Word 2013 并创建一个新的空白文档。

2. Office 2013 的退出

退出 Word 2013 有以下 4 种方法。

(1) 单击窗口右上角的【关闭】按钮。

(2) 选择【文件】选项卡下的【关闭】选项。

（3）在文档标题栏上单击鼠标右键,在弹出的快捷菜单中选择【关闭】菜单命令。

（4）按【Alt＋F4】组合键。

习 题 二

一、选择题

1. 操作系统是计算机系统中的（   ）。

　A. 核心系统软件　　　　　　　　　　B. 关键的硬件部件

　C. 广泛使用的应用软件　　　　　　　D. 驱动程序

2. Windows 7 的文件夹组织结构是一种（   ）。

　A. 表格结构　　　　B. 树型结构　　　　C. 网状结构　　　　D.线性结构

3. 键盘上主键盘区中的字母大小写转换键是（   ）。

　A. Alt　　　　　　B. Capslock　　　　C. Enter　　　　　D. Ctrl

4. 在 Windows 7 操作系统中,当选定文件或文件夹后,单击工具栏上的（   ）按钮,再进行粘贴,可以实现移动操作。

　A. 剪切　　　　　　B. 保存　　　　　　C. 复制　　　　　　D. 删除

5. 在 Windows 7 操作系统中,当某个已运行的应用程序不响应用户操作时,可以按（   ）键,弹出"任务管理器"对话框,然后关闭该应用程序。

　A.【Esc】　　　　　　　　　　　　　B.【Ctrl＋Esc】

　C.【Ctrl＋Shift＋Del】　　　　　　　D.【Ctrl＋Alt＋Del】

6. 在 Windows 7 操作系统中,可以打开【开始】菜单的组合键是（   ）。

　A.【Shift＋Tab】　　　　　　　　　　B.【Ctrl＋Esc】

　C.【Ctrl＋Shift】　　　　　　　　　　D. 空格键

7. 当选定文件或文件夹后,不将文件或文件放到"回收站"里,而直接删除的操作是（   ）。

　A. 按 Del 键

　B. 用鼠标直接将文件或文件夹拖放到"回收站"中

　C. 按住【Shift＋Del】键

　D. 用文件窗口中的"文件"→"删除"命令

8. 在 Windows 7 操作系统中,用户在启动多个应用程序后,可以按（   ）组合键在各应用程序之间进行切换。

　A.【Ctrl＋Alt】　　　B.【Alt＋Shift】　　　C.【Alt＋Tab】　　　D.【Ctrl＋Esc】

9. 在 Windows 7 操作系统中,用户想卸载程序,可以通过(　　)。

A. 使用自带的卸载软件　　　　　　B. 使用【添加或删除程序】卸载

C. 使用 360 软件管家卸载程序　　　D. 以上方法都可以

10. 在 Windows 7 操作系统中,操作时应该遵循(　　)。

A. 先选择操作命令,再选择对象　　B. 先选对象,再选择操作命令

C. 需同时选择操作命令和对象　　　D. 允许用户任意选择

二、判断题

1. 在 Windows 资源管理器的左侧窗口中,许多文件夹前面有一个"＋"或"－"号,它们分别是展开符号和折叠符号。　　　　　　　　　　　　　　　(　　)

2. 硬盘是内存空间的一部分。　　　　　　　　　　　　　　　　(　　)

3. 在 Windows 中,不能删除有文件的文件夹。　　　　　　　　　(　　)

4. 在 Windows 7 操作系统中,默认库被删除了就无法恢复。　　　(　　)

5. 在 Windows 操作系统中,所有被删除文件都可从回收站恢复。　(　　)

第三章

Word 2013

Word 2013 是一款应用广泛的文字处理软件，是 Office 2013 的重要组件之一。在文档中输入文本并进行简单的设置，是 Word 2013 中的最基本操作，掌握这些操作，可以为以后的学习打下坚实的基础。

知识点 22——
Office 2013 的
初体验

一、认识 Word 2013 的工作界面

Word 2013 的工作界面主要包括标题栏、快速访问工具栏、功能区、【文件】按钮、导航窗格、工作区、状态栏及比例缩放区等组成部分，如图 3-1 所示。

知识点 23——
Word 2013 的基
本文档制作 1

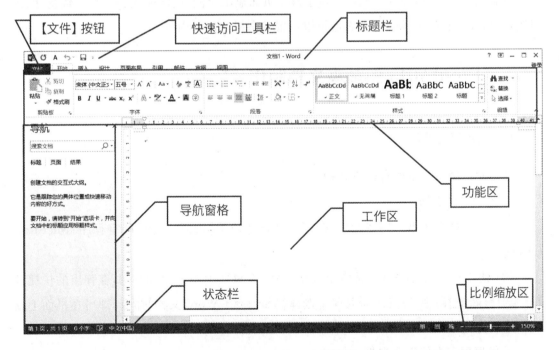

图 3-1　Word 2013 工作界面

99

1. 标题栏

标题栏主要用于显示正在编辑的文档的文件名以及所使用的软件名,还包括标准的【帮助】【最小化】【还原】和【关闭】按钮。

2. 快速访问工具栏

此工具栏始终可见,可以右键单击一个命令,将其添加至此处。

3. 功能区

功能区主要包括【开始】【插入】【设计】【页面布局】【引用】【邮件】【审阅】【视图】【加载项】等选项卡,以及工作时需要用到的命令,单击功能区上的任意选项卡,以显示其按钮和命令。

4.【文件】按钮

【文件】按钮主要用于管理用户的文件,单击【文件】按钮,在打开的快捷菜单中可以进行打开、保存、打印以及管理 Word 文件等操作。

5. 导航窗格

导航窗格可以拖动文档标题重新组织文档,或是使用该窗格中的搜索框迅速搜索文档内容。

6. 状态栏

状态栏位于 Word 窗口最底端,用于显示页面显示比例、视图模式、字数/页数统计、语言等信息,在状态栏上单击鼠标右键可以设置状态栏的显示内容。

二、Word 2013 的基本文档制作

(一) 新建文档

新建文档的方法主要有以下几种。

1. 创建空白文档

(1) 使用程序创建。具体操作方法为:单击【开始】按钮,选择【所有程序 | Microsoft Office 2013 | Word 2013】选项。

(2) 使用右键快捷菜单。具体操作方法为:在桌面上单击鼠标右键,在弹出的快捷菜单中选择【新建】命令,在其级联菜单中选择【Microsoft Word 文档】命令,即可在桌面上新建一个名为"新建 Microsoft Word 文档.docx"的文件。

2. 使用现有文件创建文档

使用现有文件新建文档,可以创建一个和原始文档内容完全一致的新文档。具体操作

方法为：单击【文件】选项卡，在弹出的下拉列表中选择【打开】选项，在【打开】区域选择【计算机】选项，单击右下角的【浏览】按钮。在弹出的【打开】对话框中选择要新建的文档名称，此处选择"Doc1.docx"文件，单击右下角的【打开】按钮，在弹出的快捷菜单中选择【以副本方式打开】选项，即可创建一个名称为"副本（1）Doc1.docx"的文档。

3. 新建基于模板的文档

Office 2013 在本机及网络中有已经预设好的模板文档，用户在使用时，按照模板在指定位置填写相关的文字。

（1）使用本机上的模板新建文档。单击【文件】选项卡，在弹出的下拉列表中选择【新建】选项，单击【新建】区域的【书法字帖】按钮。弹出【增减字符】对话框，在【可用字符】列表中选择需要的字符，单击【添加】按钮即可将所选字符添加至【已用字符】列表。添加完成后单击【关闭】按钮，完成书法字帖的创建。

（2）使用连接模板新建文档。单击【文件】选项卡，在弹出的下拉列表中选择【新建】选项，在【搜索联机模板】搜索框中输入需要的模板类型，这里输入"卡片"，单击【开始搜索】按钮。在搜索结果中选择【情人节卡片】，在弹出的【情人节卡片】预览界面中单击【创建】按钮下载该模板。下载完成后，会自动打开该模板。

（二）打开文档

Word 2013 提供了多种打开已有文档的方法。

1. 正常打开文档

一般情况下，在要打开的文档图标上双击即可打开文档，可以单击鼠标右键，在弹出的快捷菜单中选择【打开方式】【Word】选项或直接单击【打开】选项，打开文档。

2. 以只读方式打开文档

以只读方式打开文档可以打开一个与原文档内容相同的文档，只读模式的文档不能进行编辑，便于保护原文档的内容。

（1）打开（知识点文件夹内）"短歌行.docx"文件，选择【文件|打开】选项，在右侧的【打开】区域单击【计算机】按钮，单击【浏览】按钮。

（2）在弹出的【打开】对话框中，选择将要打开的文件，单击【打开】按钮右侧的下拉按钮，在下拉菜单中选择【以副本方式打开】选项。

（3）打开的文档名称显示为"短歌行.docx【只读】"。

3. 快速打开文档

在打开的任意文档中，单击【文件】选项卡，在其下拉列表中选择【打开】选项，在右侧的【最近使用的文档】区域选择将要打开的文件名称，快速打开最近使用过的文档。

（三）文档的保存

Word 2013 工作时，建立的文档以临时文件保存在电脑中，只有保存或另存为文档才能确保文档不会丢失。

1. 保存新建文档

新建并编辑 Word 文档后，单击【文件】选项卡，在左侧的列表中选择【保存】选项，此时为第一次保存文档，系统会打开【另存为】界面。在【另存为】界面中单击【计算机】按钮，并单击【浏览】按钮，打开【另存为】对话框，选择文件保存的位置，在【文件名】文本框中输入要保存的文档名称，在【保存类型】下拉列表框中选择【Word 文档（＊.docx）】选项。单击【保存】按钮，完成文档的保存操作。

2. 保存已有文档

有 3 种方法可以对已存的文档保存更新：

（1）单击【文件】选项卡，在左侧的列表中选择【保存】选项。

（2）单击快速访问工具栏中的【保存】图标按钮。

（3）按【Ctrl＋S】组合键可以实现快速保存。

3. 另存文档

在已修改的文档中，单击【文件】选项卡，在左侧的列表中选择【另存为】选项。在【另存为】界面中单击【计算机】按钮，单击【浏览】按钮。在弹出的【另存为】对话框中选择文档所要保存的位置，单击【保存】按钮，完成对修改后文档的保存。

除此之外，在【另存为】对话框的【保存类型】下拉列表中选择相应的格式即可，还可以将文档另存为之前版本的格式，如 2003 格式，或者另存为 PDF 格式等。

4. 导出文档

以导出 PDF 文档为例，了解导出文档的具体操作方法。

在打开的文档中，单击【文件】选项卡，在左侧的列表中选择【导出】选项，单击【创建PDF/XPS 文档】按钮，弹出【发布为 PDF 或 XPS】对话框，在【文件名】文本框中输入要保存的文档名称，在【保存类型】下拉列表框中选择【PDF（＊.pdf）】选项，单击【发布】按钮，将Word 文档导出为 PDF 文件。

（四）文本的输入与编辑

输入的文本都是从插入点开始的，闪烁的垂直光标就是插入点。光标定位确定后，在光标位置处输入文本，输入过程中，光标不断向右移动。

1. 基本输入

用户在编辑文档时，主要输入文字、日期、时间和符号等内容。

　　(1) 中文输入。当输入文字到达文档编辑区的右边界时,无需按【Enter】键,只在一段文本结束输入时才需要按【Enter】键表示段落结束,这时在该段末尾会留下段落标记箭头。

　　(2) 日期和时间的输入。单击【插入】选项卡下【文本】选项组中【时间和日期】按钮,在弹出的【日期和时间】对话框中,选择第 3 种日期和时间的格式,勾选【自动更新】复选框,此时插入文档的日期和时间就会自动更新。

　　(3) 符号和特殊符号的输入。除了键盘上常用的符号,也可以插入一些特殊符号。具体操作方法为:单击【插入】选项卡下【符号】选项组中的【符号】按钮右侧的下拉按钮,在弹出的下拉列表中选择【其他符号】选项。弹出【符号】对话框,在【符号】选项卡单击【子集】右侧的下拉按钮,在弹出的下拉列表中选择【几何图形符】选项,选择"◇"符号,单击【插入】按钮,再单击【关闭】按钮,返回 Word 文档中即可看到添加的特殊符号。

2. 输入公式

　　在 Word 2013 中,可以直接使用【公式】按钮输入数学公式。

　　(1) 启动 Word 2013,新建一个空白文档,将光标定位在需要插入公式的位置,单击【插入】选项卡,在【符号】选项组中单击【公式】按钮,在弹出的下拉列表中选择【二项式定理】选项,返回 Word 文档中即可看到插入的公式。

　　(2) 插入公式后,窗口停留在【公式工具|设计】选项卡下,工具栏提供了一系列的工具模板按钮,单击【公式工具|设计】选项卡下的【符号】选项组中的【其他】按钮,在【基础数学】的下拉列表中可以选择更多的符号类型,【结构】选项组包含了多种公式。

　　(3) 在插入的公式中选择需要修改的公式,在【公式工具|设计】选项卡下【符号】和【结构】选项组中选择要用到的运算符号和公式,应用到插入的公式当中。(这里我们更改公式中的"n/k",单击【结构】选项组中的【分数】按钮,在下拉列表中选择【dy/dx】选项。)

　　(4) 在文档中单击公式左侧的图标,选中公式,单击公式右侧的下拉三角按钮,在弹出的列表中选择【线性】选项,即完成公式的修改。

3. 文本编辑

　　文本的编辑包括文本的选定、文本的删除、文本的移动及文本的复制等。

　　1) 选定文本

　　选定文本时既可以选择单个字符,也可以选择整篇文档。选定文本的方法主要有 3 种。

　　(1) 拖曳鼠标选定文本。选定文本最常用的方法就是拖曳鼠标选取,采用这种方法可以选择文档中的任意文字,是最基本、最灵活的选取方法。具体操作方法为:将光标放在要选择文本的开始位置,按住鼠标左键拖曳,这时选中的文本会以反白的形式显示,选择完成,释放鼠标左键,光标经过的文字就被选定了;单击文档的空白区域取消文本选择。鼠标左键单击1次,可选定文档一行;鼠标左键双击,可选定文档一段;鼠标左键三击,可选定整篇文档。

(2)使用键盘选定文本。在 Word 2013 中,可以使用键盘组合键选定文本,将插入点移动到将选文本的开始位置,按相应的组合键即可,使用键盘选定文本的组合键,如表 3-1 所示。

表 3-1　使用键盘选定文本的组合键

组合键	功能	组合键	功能
【Shift+←】	选择至光标左边的一个字符	【Shift+→】	选择至光标右边的一个字符
【Shift+↑】	选择至光标上一行同一位置之间的所有字符	【Shift+↓】	选择至光标下一行同一位置之间的所有字符
【Shift+Home】	选择至当前行的开始位置	【Shift+End】	选择至当前行的结束位置
【Ctrl+A】	选择全部文档	【Ctrl+Shift+↑】	选择至当前段落的开始位置
【Ctrl+Shift+↓】	选择至当前段落的结束位置	【Ctrl+Shift+Home】	选择至文档的开始位置
【Ctrl+Shift+End】	选择至文档的结束位置		

(3)键盘和鼠标相互配合选定文本。具体操作方法为:在起始位置单击,按住【Shift】键的同时单击文本的终止位置,可以看到起始位置和终止位置之间的文本已被选中。取消之前的文本选择,按住【Ctrl】键的同时拖曳鼠标,可以选择多个不连续的文本。

2)文本的删除和替换

(1)使用【Del】键删除文本。选定错误的文本,按【Del】键即可。

(2)使用【Backspace】键删除文本。将鼠标光标定位在想要删除字符的后面,按【Backspace】键。

3)文本的移动

打开文档,选择要移动的文本,将鼠标指针移到选定的文本上,按住鼠标左键,拖曳鼠标到目标位置,然后松开鼠标左键,即可移动文本。

4)文本的复制

选定将要复制的文本,将鼠标指针移到选定的文本上,当鼠标指针变为向左的箭头时,按住【Ctrl】键的同时,按住鼠标左键,拖曳鼠标到目标位置,然后松开鼠标左键,即可复制选中的文本。

4. 其他输入方法

在输入文本内容时,除了常用的输入方法外,还可以使用手写输入、字典查询输入等。使用微软拼音输入法自带的输入板程序字典查询输入文字的具体操作如下。

(1) 新建一个空白文档,将光标定位在要输入内容的位置,在状态栏输入法栏中单击【开启/关闭输入板】图标。

(2) 弹出【输入板-字典查询】主程序窗口,选择【部首检字】选项卡。

(3) 在【部首笔画】下拉列表中选择【2画】,并在下方选择"亻"部首。

(4) 在【剩余笔画】下拉列表中选择【7画】,在下方显示文字列表中选择要输入的文字,文档中就会自动显示文字。

(五) 字符格式化

字符的格式化,直接影响文本内容的阅读效果,美观大方的文本样式可以给人带来赏心悦目的阅读感受。

1. 设置字体格式的方法

知识点 24——
Word 2013 的基本文档制作 2

在 Word 2013 中,用户可以使用【字体】选项组和【字体】对话框,设置字体的格式,具体操作方法如下。

(1) 使用【字体】选项组设置字体。在【开始】选项卡下的【字体】选项组中单击相应的按钮修改字体格式是最常用的字符格式化方法。Word 2013 采用"先选定,后操作"的方式,即操作前需先选定要进行操作部分的文字。

(2) 使用【字体】对话框设置字体。选择要设置的文字,单击【开始】选项卡下【字体】选项组右下角的按钮或单击鼠标右键,在弹出的快捷菜单中选择【字体】选项,弹出【字体】对话框,从中设置字体的格式。

2. 字符格式化的内容

(1) 设置字体。打开文档,选中文档标题,切换到【开始】选项卡,在【字体】组中的【字体】下拉列表中选择【华文中宋】选项。

(2) 设置字号。选中文档标题,切换到【开始】选项卡,在【字体】组中的【字号】下拉列表中选择【二号】选项。选中文档标题下方的所有正文文本,切换到【开始】选项卡,在【字体】组中的【字号】下拉列表中选择【四号】选项。

(3) 字形。常见的字形设置包括常规、倾斜、加粗和加粗倾斜。选中需要操作文字,切换到【开始】选项卡,在【字体】组中单击【加粗】或【倾斜】选项。

(4) 设置字符间距。在 Word 2013 文档中,字符间距一般默认为标准间距,用户可以根据需要对字符间距进行紧缩或加宽设置。具体操作方法为:选中文档标题,切换到【开始】选项卡,单击【字体】组中右下角的【对话框启动器】按钮,弹出【字体】对话框,切换到【高级】选项卡,在【间距】下拉列表中选择【加宽】选项,在右侧的【磅值】微调框中输入"2磅",单击【确定】按钮。

（5）更改文本颜色。在编辑文档时,为了突出显示标题或重点内容,可以使用更改文本颜色的方法让标题和重点内容更加醒目。具体操作方法为:选中文档标题,切换到【开始】选项卡,单击【字体】组中的【字体颜色】按钮,在弹出的下拉列表中选择【红色】选项。

（6）设置文字效果。为文字添加艺术效果,可以使文字看起来更加美观。具体操作方法如下:

① 在打开的文档中选择所有文字,单击【开始】选项卡下【字体】选项组右下角的【对话框启动器】按钮,弹出【字体】对话框,单击【文字效果】按钮。

② 弹出【设置文本效果格式】对话框。在【文本填充】区域,单击选中【纯色填充】单选项,在【颜色】右侧的颜色调色板中选择【绿色】选项。

③ 在【文本效果】区域的【映像】中,设置其【预设】样式为"半映像,接触",单击【确定】按钮。

（7）添加下划线、着重号。选择文本,打开【字体】命令可以设置【下划线线型】【下划线颜色】【着重号】。

（8）带圈字符。选择文本,单击【开始】选项卡下【字体】操作区域,点击【带圈字符】命令设置【样式】【文字】【圈号】。

（9）字体效果。字体效果包括:删除线、双删除线、上标、下标、小型大写字母、全部大写字母。打开【字体】对话框,在【字体】标签【效果】类中,通过复选框选择,进行演示效果。

（10）拼音指南。（使用拼音指南,需要系统有微软拼音输入法）演示文字上加拼音,对拼音格式简单设定。

（六）段落格式化

段落格式化是对整个段落的外观设置,包括更改对齐方式、设置段落缩进、设置段落间距等。

1. 段落的对齐方式

Word 2013 提供了 5 种段落对齐方式,如表 3-2 所示。其中段落左对齐为默认的对齐方式。

表 3-2 段落对齐方式

对齐方式	含义
左对齐	将文字段落的左侧边缘对齐

（续表）

对齐方式	含义
居中	将文章两侧文字整齐地向中间集中
右对齐	将文字段落的右侧边缘对齐
两端对齐	将文字段落的左右两端的边缘都对齐
分散对齐	将段落按每行两端对齐

将文档标题的对齐方式更改为【居中】可以使用【段落】选项组命令或【段落】对话框命令，具体操作方法如下。

（1）使用【段落】选项组命令。选中文档标题，切换到【开始】选项卡，单击【段落】组中的【居中】按钮。

（2）使用【段落】对话框命令。单击【开始】选项卡下【段落】选项组右下角的【对话框启动器】按钮或单击鼠标右键，在弹出的快捷菜单中选择【段落】选项，弹出【段落】对话框。在【缩进和间距】选项卡下，单击【常规】组中【对齐方式】右侧的下拉按钮，在弹出的列表中选择【居中】的对齐方式。

2. 段落的缩进

Word 2013 中的段落缩进是指调整文本与页面边界之间的距离。段落缩进方式主要包括 4 种，如表 3-3 所示。

表 3-3　段落缩进方式

段落缩进	含义
左缩进	将某个段落整体向左缩进
右缩进	将某个段落整体向右缩进
悬挂缩进	段落首行不缩进，除首行以外的文本缩进一定距离
首行缩进	将段落的第一行从左向右缩进一定的距离，首行外的各行都保持不变

将正文中的段落设置为【首行缩进 2 字符】，使用【段落】组中的【增加缩进量】按钮，对特殊段落进行缩进设置，具体操作方法如下。

（1）选中文档标题下的所有段落，切换到【开始】选项卡，单击【段落】组中右下角的【对话框启动器】按钮。

（2）弹出【段落】对话框，切换到【缩进和间距】选项卡，在【缩进】组中的【特殊格式】下拉列表中选择【首行缩进】选项，在右侧的【缩进值】微调框中输入"2 字符"，单击【确定】按钮。

（3）返回文档,选中的所有正文段落都执行了【首行缩进 2 字符】命令。

（4）选中要增加缩进量的段落,切换到【开始】选项卡,在【段落】组中单击 2 次【增加缩进量】按钮,此时选中的段落就会向右侧增加 2 个字符的缩进量。

3. 段落间距及行距

（1）设置段落间距。段落间距包括段前间距和段后间距。选中文档标题,切换到【开始】选项卡,单击【段落】组中右下角的【对话框启动器】按钮,弹出【段落】对话框,切换到【缩进和间距】选项卡,在【间距】组中的【段前】和【段后】微调框中均输入"1 行",单击【确定】按钮。

（2）设置行距。行间距是指文本行之间的垂直间距,默认情况下,各行之间是单倍行距,行距选项如表 3-4 所示。

表 3-4　行距选项

行距选项	含义
单倍行距	此选项将行距设置为该行最大字体的高度加上一小段额外间距,额外间距的大小取决于所用的字体
1.5 倍行距	此选项将行距设置为单倍行距的 1.5 倍
双倍行距	此选项将行距设置为单倍行距的两倍
最小值	此选项将行距设置为适应行上最大字体或图形所需的最小行距
固定值	此选项将行距设置为固定行距且不能调整行距
多倍行距	此选项将行距设置为按指定的百分比增大或减小行距,例如,将行距设置为 1.2 倍

将正文中的行距设置为"1.5 倍",具体操作方法为:选中文档标题下方的所有正文文本,单击鼠标右键,在弹出的快捷菜单中选择【段落】命令,弹出【段落】对话框,切换到【缩进和间距】选项卡,在【间距】组中的【行距】下拉列表中选择【1.5 倍行距】选项,单击【确定】按钮。

4. 添加字符底纹和边框

为强调某些文本、段落、图形或表格的作用,可以添加边框和底纹。

（1）添加字符底纹,具体操作方法有以下 2 种:

① 选中段落,单击【开始】选项卡,在【字体】组中单击【字符底纹】按钮。

② 选中段落,单击【开始】选项卡,在【段落】组中单击【底纹】按钮,选择一种颜色。

（2）添加字符边框,具体操作方法有以下 2 种:

① 选中段落,单击【开始】选项卡,在【字体】组中单击【字符边框】按钮。

② 选中段落,单击【开始】选项卡,在【段落】组中单击【边框】按钮,选择恰当框线。

5. 使用格式刷复制段落格式

格式刷是 Word 文档的复制字体和段落的强大功能之一，下面使用格式刷复制章标题的格式。

（1）选中章标题，单击【开始】选项卡，在【字体】组中选择【加粗】。

（2）选中章标题，单击【开始】选项卡，在双击【剪贴板】组中【格式刷】按钮。

（3）此时，格式刷就会高亮显示，将鼠标指针移动到文档中，鼠标指针变成刷子形状。

（4）拖动鼠标选中其他章标题，完成格式的复制，按【ESC】取消格式刷状态。

（七）项目符号和编号

合理使用项目符号和编号，可以使文档的层次结构更清晰、更有条理。下面以在"员工考勤制度"文档中添加项目符号和编号为例进行详细介绍。

知识点 25——
Word 2013 的基本文档制作 3

1. 应用项目符号

项目符号是指在文本或列表前的用于强调效果的点或其他符号。

选中要添加项目符号的段落，单击【开始】选项卡，单击【段落】组中的【项目符号】按钮，在弹出的【项目符号库】中选择【方块】选项，为该段落添加项目符号。

2. 应用编号

在 Word 文档中使用编号可以增强段落之间的逻辑关系，从而提高文档的可读性。添加编号后，会自动应用段落缩进格式，并在编号与正文之间出现制表位，用户可以根据需要调整段落缩进和制表位，具体操作方法如下。

（1）选中要添加编号的段落，单击【开始】选项卡，单击【段落】组中的【编号】按钮。在弹出的【编号库】中选择"（1）（2）（3）"选项，即可在选中的段落前方添加上编号，并且在每个编号与正文之间都会出现制表位。

（2）在 Word 文档中，选中添加的编号，单击鼠标右键，在弹出的快捷菜单中选择【调整列表缩进】命令，弹出【调整列表缩进量】对话框，在【编号之后】下拉列表中选择【不特别标注】选项，单击【确定】，编号与正文之间的制表位就被消除了。

（3）在 Word 文档中，选中添加了编号的段落，单击鼠标右键，在弹出的快捷菜单中选择【段落】命令，弹出【段落】对话框，单击【缩进和间距】选项卡，在【缩进】组中将【左侧】和【右侧】缩进均设置为"0"，在【特殊格式】下拉列表中选择【首行缩进】选项，在其右侧的【缩进值】微调框中输入"2 字符"，单击【确定】按钮。

（八）清除文本格式

在实际工作当中，用户常常需要将 Word 文档中已经设置的文本格式进行清除。清除文本格式的方法主要包括两种：使用【清除所有格式】按钮、使用【样式】窗格。

1. 使用【清除所有格式】按钮

选中要清除格式的段落和文本，单击【开始】选项卡，单击【字体】组中的【清除所有格式】按钮，此时选中的段落和文本的格式就被清除了。

2. 使用【样式】窗格

进入 Word 文档窗口，单击【开始】选项卡，单击【样式】组右下角的【对话框启动器】按钮，打开【样式】窗格，在【样式】窗格中单击【全部清除】命令清除选中的段落和文本的格式。

（九）使用制表符

对 Word 文档进行排版时，要对不连续的文本进行整齐排列，除了使用表格外，还可以使用制表符进行快速定位和精确排版。

1. 制表位和制表符

制表位是指水平标尺上的位置，它指定文字缩进的距离或一栏文字开始的位置，用符号来表示制表位，这些符号就叫作制表符。

制表位是一种格式，用于控制制表符的长度，限于页面左右边距之间。当制表位与制表符在同一行上时，制表位就能控制制表符的长度。例如，默认制表符的长度为 2 个字符，当页面上的某行"存在且仅存在"一个制表符和一个制表位时，制表位在哪里，制表符的长度就延伸到哪里。

制表符是一种信息整理工具，用于将凌乱的文字变得齐整。在单行上设置制表位主要用来实现长空格效果，在多行上同时设置制表位是为了实现多行文字按列对齐。

制表位可以让文本向左、向右或居中对齐，或者将文本与小数字符或竖线字符对齐。制表位的 5 种对齐方式及其含义，如表 3-5 所示。

表 3-5　制表位

对齐方式	含义
左对齐	把字符编排到制表符的右侧
居中	把字符编排到制表符的两侧
右对齐	把字符编排到制表符的左侧
竖线对齐	在某一段落中插入一条竖线，按照竖线进行对齐
小数点对齐	按照小数点的位置进行对齐

2. 制表符的应用

在水平标尺上单击要插入制表位的位置，标尺上面就会出现相应的制表符"∟"，按

【Tab】键，即可快速完成自动对齐。如果按【Tab】键没有实现多个行文本的自动对齐，说明选中该段落之前设置了缩进格式，也就是设置了默认的制表位。此时可以选中制表位，打开【制表位】对话框，设置相同的制表位位置，即可实现对齐。具体操作方法如下。

（1）显示标尺，单击【视图】选项卡，在【显示】组中勾选【标尺】复选框，即可显示标尺。在文档中的标尺上单击确定制表符的位置，创建一个左对齐制表符。

（2）按【Tab】键，在文本前插入一个制表位，并以之前确定的制表符为准，制表符右侧的文本左对齐。使用同样的方法，将鼠标指针定位在其他文本或段落中的合适位置，按【Tab】键插入制表位，并自动对齐。如果未实现自动对齐，设置段落缩进和制表位位置即可。

（3）选中之前设置的制表位，单击【开始】选项卡，在【段落】组中单击【对话框启动器】，弹出【段落】对话框，单击【制表位】按钮，弹出【制表位】对话框，查看之前设置的制表位位置，查看完毕，单击【确定】按钮。

（4）按住【Ctrl】键，选中其他未对齐的制表位，单击鼠标右键，在弹出的快捷菜单中选择【段落】命令，弹出【段落】对话框，单击【制表位】按钮，弹出【制表位】对话框，在【制表位位置】文本框中输入"24.98字符"，单击【确定】按钮，即可实现制表位的左对齐。

（十）段落操作技巧

1. 显示行号

在Word文档中，切换到【页面布局】选项卡，单击【页面设置】组中的【对话框启动器】按钮，弹出【页面设置】对话框，切换到【版式】选项卡，单击【行号】按钮，弹出【行号】对话框，选中【添加行号】复选框，其他选项保持默认，依次单击【确定】按钮，即可为文档中的行填充行号。

2. 使用多级列表

在编排Word文档的过程中，需要插入多级列表编号，以更清晰地标识出段落之间的层次关系。选中要应用多级列表的文本，切换到【开始】选项卡，单击【段落】组中的【多级列表】按钮，在弹出的【类表库】中选择一种列表选项。例如，选择"1,1.1,1.1.1……"选项，选中的文本会自动应用一级列表。选中要更改列表级别的文本，单击【开始】选项卡，单击【段落】组中的【多级列表】按钮，在弹出的【列表库】中选择【更改列表级别】选项，在其下级列表中选择【2级】选项。

3. 首字下沉放大文字

"首字下沉"经常用于报纸和杂志等编排。选中要放大首字的段落，切换到【插入】选项卡，单击【文本】组中的【首字下沉】按钮，在弹出的下拉列表中选择【下沉】选项，此时被选中段落的首字就被放大了。选中放大的首个文字，切换到【插入】选项卡，单击【文本】组中的【首字下沉】按钮，在弹出的下拉列表中选择【首字下沉】选项，弹出【首字下沉】对话框，在【字体】下拉列表中选择【黑体】选项，单击【确定】按钮，首字下沉的文字字体就变成了黑体。

（十一）综合案例："公司日常管理制度"文档

结合综合案例"公司日常管理制度"的文字稿，如图 3-2 所示，演练 Word 2013 的基本文档制作的各个功能。

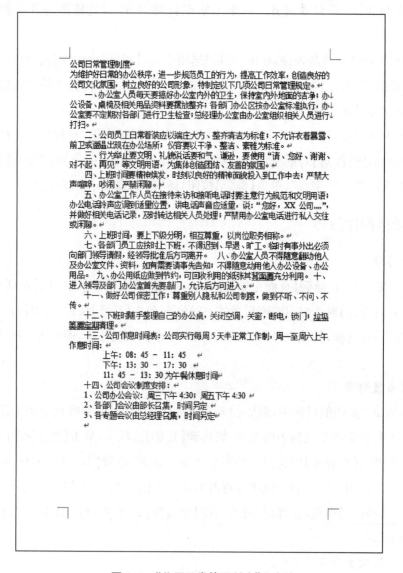

图 3-2　"公司日常管理制度"文字稿

1. 设置文本格式

（1）打开"公司日常管理制度"文字稿,选中文档标题,单击【开始】选项卡,在【字体】组中的【字体】下拉列表中选择【黑体】选项。

（2）选中文档标题,单击【开始】选项卡,在【字体】组中的【字号】下拉列表中选择【二号】选项。

（3）选中文档标题,单击【开始】选项卡,单击【段落】组中的【居中】按钮。

（4）选中文档标题,单击【开始】选项卡,单击【字体】组中的【加粗】按钮。

2. 设置段落格式

（1）选中要设置格式的段落,单击【开始】选项卡,单击【段落】组中的【对话框启动器】按钮。

（2）弹出【段落】对话框,单击【缩进和间距】选项卡,在【缩进】组中的【特殊格式】下拉列表中选择【首行缩进】选项,在右侧的【缩进值】微调框中输入"2 字符"。在【间距】组中的【段前】和【段后】微调框中均输入"0.5 行"。在【行距】下拉列表中选择【1.5 倍行距】选项,单击【确定】按钮。

3. 查找并替换手动换行符

（1）从网页上复制一些文章到 Word 文档时,常常会带有很多的手动换行符【↓】,使用查找和替换功能,可以批量删除手动换行符。

（2）选中带有手动换行符的段落,单击【开始】选项卡,单击【编辑】组中的【替换】按钮。

（3）弹出【查找和替换】对话框,单击【替换】选项卡,在【查找内容】文本框中输入"^l"（小写的 L）,单击【全部替换】按钮。

（4）弹出【Microsoft Word】对话框,提示用户是否搜索文档的其余部分,单击【是】按钮。

（5）弹出【Microsoft Word】对话框,提示用户是否从头继续搜索,单击【是】按钮。

（6）弹出【Microsoft Word】对话框,提示用户全部完成替换,单击【确定】按钮。

（7）返回文档,此时文档中所有的手动换行符就被删除了。

4. 添加边框和底纹

添加边框和底纹的具体操作方法如下。

（1）选中第一段所有文本,单击【开始】选项卡下【段落】选项组中【边框】按钮右侧的下拉按钮,在弹出的下拉列表中选择【边框和底纹】选项。

（2）弹出【边框和底纹】对话框,在【设置】列表中选择【阴影】选项,在【样式】列表中选择一种线条样式,在【颜色】列表中选择【绿色,着色 6,深色 50%】选项,在【宽度】列表中选择【0.5 磅】选项,应用于段落,单击【确定】按钮。

(3) 选中第二段所有文本,单击【底纹】选项卡,在【填充】颜色下拉列表中选择【绿色,着色 6,淡色 60%】选项,应用于段落,单击【确定】按钮。

“公司日常管理制度”文档排版后效果,如图 3-3 所示。

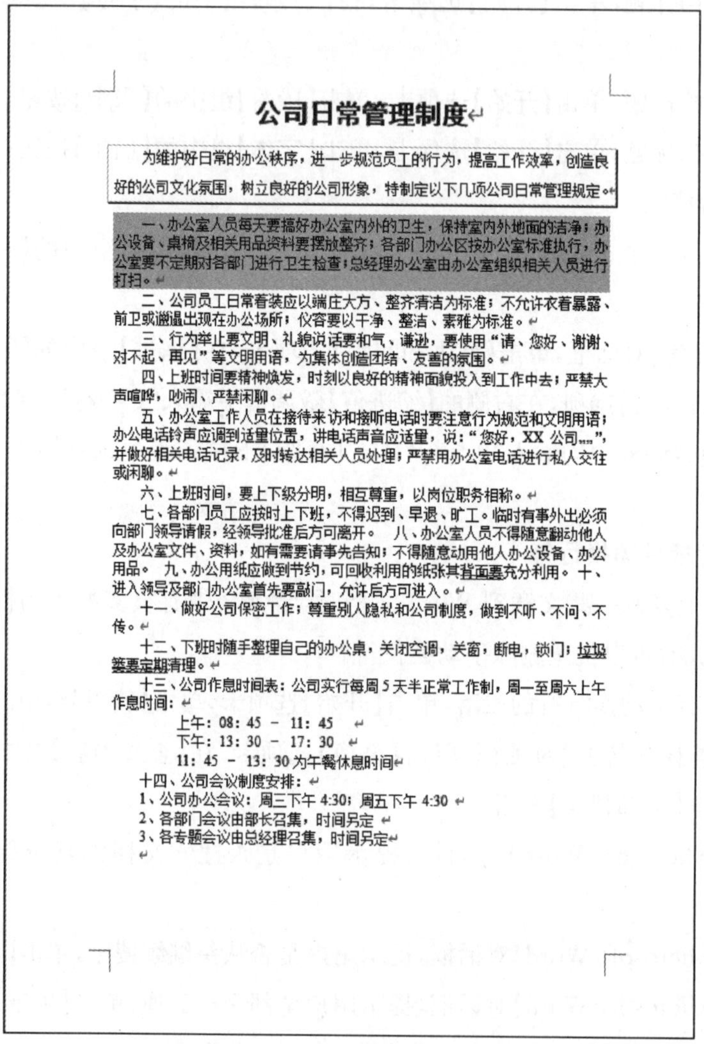

公司日常管理制度

为维护好日常的办公秩序,进一步规范员工的行为,提高工作效率,创造良好的公司文化氛围,树立良好的公司形象,特制定以下几项公司日常管理规定。

一、办公室人员每天要搞好办公室内外的卫生,保持室内外地面的洁净;办公设备、桌椅及相关用品资料要摆放整齐;各部门办公区按办公室标准执行,办公室要不定期对各部门进行卫生检查;总经理办公室由办公室组织相关人员进行打扫。

二、公司员工日常着装应以端庄大方、整齐清洁为标准;不允许衣着暴露、前卫或邋遢出现在办公场所;仪容要以干净、整洁、素雅为标准。

三、行为举止要文明、礼貌说话要和气、谦逊,要使用“请、您好、谢谢、对不起、再见”等文明用语,为集体创造团结、友善的氛围。

四、上班时间要精神焕发,时刻以良好的精神面貌投入到工作中去;严禁大声喧哗,吵闹、严禁闲聊。

五、办公室工作人员在接待来访和接听电话时要注意行为规范和文明用语;办公电话铃声应调到适量位置,讲电话声音应适量,说:“您好,XX 公司...”,并做好相关电话记录,及时转达相关人员处理;严禁用办公室电话进行私人交往或闲聊。

六、上班时间,要上下级分明,相互尊重,以岗位职务相称。

七、各部门员工应按时上下班,不得迟到、早退、旷工。临时有事外出必须向部门领导请假,经领导批准后方可离开。 八、办公室人员不得随意翻动他人及办公室文件、资料,如有需要请事先告知;不得随意动用他人办公设备、办公用品。 九、办公用纸应做到节约,可回收利用的纸张其背面要充分利用。 十、进入领导及部门办公室首先要敲门,允许后方可进入。

十一、做好公司保密工作;尊重别人隐私和公司制度,做到不听、不问、不传。

十二、下班时随手整理自己的办公桌,关闭空调,关窗,断电,锁门;垃圾篓要定期清理。

十三、公司作息时间表:公司实行每周 5 天半正常工作制,周一至周六上午作息时间:

上午:08:45 - 11:45

下午:13:30 - 17:30

11:45 - 13:30 为午餐休息时间

十四、公司会议制度安排:

1、公司办公会议:周三下午 4:30;周五下午 4:30

2、各部门会议由部长召集,时间另定

3、各专题会议由总经理召集,时间另定

图 3-3 “公司日常管理制度”排版后效果

三、Word 2013 文档的浏览和保护

知识点 26——Word 2013 文档的浏览和保护

新建文档在编排完之后,通常需要对文档排版后的整体效果进行查看。同时,用户可以通过“标记为最终状态”“用密码进行加密”和“限制编辑”等多种方法对文档设置保护,以防无操作权限的人员随意打开或修改文档。

（一）浏览文档

1. 设置阅读视图

Word 2013 提供了全新的阅读视图模式。单击左、右的箭头按钮可完成翻屏操作。此外，Word 2013 阅读视图模式提供了三种页面背景色：白底黑字、棕黄背景以及适合于黑暗环境的黑底白字，方便用户在各种环境中舒适阅读。设置阅读视图的具体操作如下。

（1）切换到【视图】选项卡，在【视图】组中单击【阅读视图】按钮，进入阅读视图状态，单击左、右的箭头按钮可完成翻屏。在阅读视图窗口中，单击【视图】按钮，在弹出的级联菜单中选择【页面颜色|褐色】选项，页面颜色调整为"褐色"。

（2）在阅读视图窗口中，单击【视图】按钮，在弹出的下拉菜单中选择【编辑文档】选项，退出阅读视图状态，返回至普通视图。

2. 应用导航窗格

Word 2013 提供了可视化的导航窗格功能。使用导航窗格可以快速查看文档结构图和页面缩略图，从而帮助用户快速确定文档的位置。

（1）切换到【视图】选项卡，勾选【显示】组中的【导航窗格】复选框，即可调出导航窗格。

（2）在导航窗格中，单击【页面】按钮，可查看文档的页面缩略图，拖动垂直滚动条即可进行上下翻页。

3. 更改文档的显示比例

在浏览和阅读文档时，为了阅读方便，会对文档进行缩放，更改文档的显示比例。显示比例仅仅调整文档窗口的显示大小，并不会影响实际的打印效果。在状态栏的右下角拖动【缩放比例】滑块，即可调整文档视图的比例。

如果要精确调整文档的"缩放比例"，可以单击状态栏右下角的【百分比】按钮，在弹出的【显示比例】对话框中进行精确设置。

4. 快速缩放页面

在浏览和阅读 Word 文档时，可以按住【Ctrl】键不放，滑动鼠标滚轮快速缩放页面，向前滑动鼠标滚轮可放大页面，向后滑动可缩小页面。

5. 多页浏览

切换到【视图】选项卡，在【显示比例】组中单击【多页】按钮，可根据文档显示比例的不同多页浏览文档。

（二）设置文档保护

1. 设置只读文档

只读文档是指开启的文档处于"只读"状态，无法被修改。在另存文档时，可以使用常规选项设置只读文档。

具体操作方法为：进入【文件】界面，单击【另存为】命令，单击【浏览】按钮。弹出【另存为】，单击【工具】，在弹出的下拉列表中选择【常规选项】选项，弹出【常规选项】对话框，勾选【建议以只读方式打开文档】复选框，单击【确定】按钮，返回【另存为】对话框，单击【保存】按钮即可。重新启动文档时，会弹出【Microsoft Word】对话框，并提示用户是否以只读方式打开，单击【是】按钮，即可以只读方式打开文档，并自动进入阅读视图。

2. 标记为最终状态

将文档标记为最终状态，并将其设置为"只读"文档，表示此文档是最终版本。

具体操作方法为：进入【文件】界面，单击【信息】选项，单击【保护文档】按钮。在弹出的下拉列表中选择【标记为最终状态】选项，弹出【Microsoft Word】对话框，提示用户【此文档将先被标记为终稿，然后保存】，单击【确定】按钮，弹出【Microsoft Word】对话框，提示用户此文档已被标记为最终状态，单击【确定】按钮，此时文档的标题栏上显示【只读】字样，如果要继续编辑文档，单击【仍然编辑】按钮。

3. 用密码进行加密

在编辑文档时，可能需要进行适当的加密保护，可以通过设置密码为文档设置保护。

（1）设置密码。进入【文件】界面，切换到【信息】选项卡，单击【保护文档】按钮，在弹出的下拉列表中选择【用密码进行加密】选项，弹出【加密文档】，在【密码】文本框中输入密码"123"，单击【确定】，弹出【确认密码】对话框，在【重新输入密码】文本框中输入密码"123"，单击【确定】按钮。再次打开文档时，弹出【密码】对话框，在【密码】文本框中输入之前设置的密码"123"，单击【确定】按钮，打开文档。

（2）取消密码保护。进入【文件】界面，切换到【信息】选项卡，单击【保护文档】按钮，在弹出的下拉列表中选择【用密码进行加密】选项，弹出【加密文档】对话框，在【密码】文本框中清除之前设置的密码"123"，单击【确定】按钮，即可取消密码保护。

4. 限制编辑

文档编辑完成后，可以使用【限制编辑】功能限制其他用户的编辑权限，保护文档的安全和完整性，也可以对编辑完成的文档进行强制保护。

（1）设置编辑权限。通过限制编辑，可以对其他人的编辑权限进行一定的限制，对限定的样式设置格式，仅允许在文档中进行修订、批注、填写窗体，不允许进行任何修改。

具体操作方法为：进入【文件】界面，切换到【信息】选项卡，单击【保护文档】按钮，在弹出的下拉列表中选择【限制编辑】选项，在文档的右侧弹出【限制编辑】窗格，在【1.格式设置限制】组中勾选【限制对选定的样式设置格式】复选框，在【限制编辑】窗格中，勾选【2.编辑限制】组中的【仅允许在文档中进行此类型的编辑】复选框，在下方的下拉列表中选择【批注】选项。

（2）启动强制保护。设置限制编辑后，还可以启动强制保护，为文档设置密码，以防止恶意用户修改或删除文件。

具体操作方法为：在【限制编辑】窗格中，在【3.启动强制保护】组中单击【是，启动强制保护】按钮，弹出【启动强制保护】对话框，在【新密码】和【确认新密码】文本框中均输入密码"123"，单击【确定】按钮，单击【保存】按钮。此时，对文档进行编辑时，就会在【限制编辑】窗格中提示用户文档受保护。如果要取消强制保护，在【限制编辑】窗格中单击【停止保护】按钮，弹出【取消保护文档】对话框，在【密码】文本框中输入之前设置的密码"123"，单击【确定】按钮。

5. Word 版本的转换技巧

使用 Office 文件的"向下兼容"功能，可以将扩展名为".docx"的高版本文档转换为扩展名为".doc"的低版本文档。

具体操作方法为：进入【文件】界面，单击【另存为】命令，单击【浏览】按钮，弹出【另存为】对话框，选择合适的保存位置，在【保存类型】下拉列表中选择【Word 97－2003 文档（＊.doc）】选项，单击【保存】按钮，弹出【Microsoft Word 兼容性检查器】对话框，单击【继续】按钮，原来的 Word 文档就转换成了兼容模式。

（三）综合案例：浏览"员工绩效考核制度"文档

当前已有一个多页的"员工绩效考核制度"Word 文档，可以通过多种浏览方式查看文档，例如使用【多页浏览】功能快速浏览文档，或直接进入【阅读视图】阅读文档。

1. 切换到【显示比例】选项卡

在【显示比例】组中单击【多页】按钮，可根据文档显示比例的不同多页地浏览文档，如图 3-4 所示。

2. 切换到【视图】选项卡

在【视图】组中单击【阅读视图】按钮，进入阅读视图状态，单击左右的箭头按钮可完成翻屏，如图 3-5 所示。

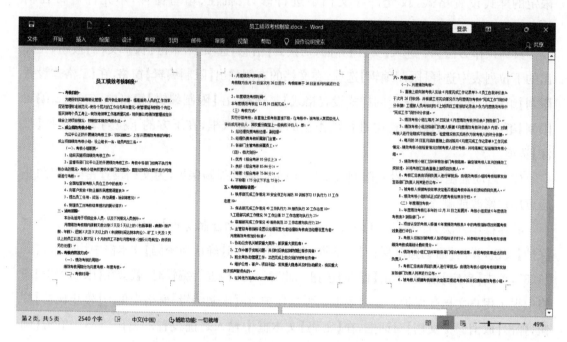

图 3-4 【多页浏览】下查看"员工绩效考核制度"文档

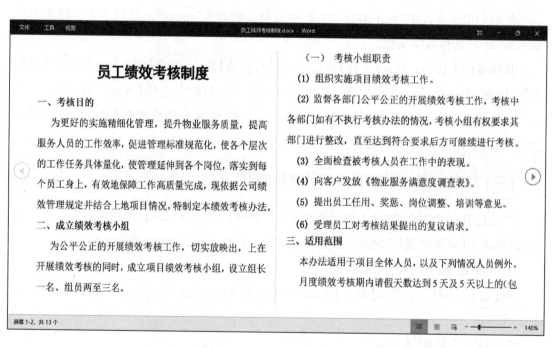

图 3-5 【阅读视图】下查看"员工绩效考核制度"文档

3. 返回普通视图

在阅读视图窗口中,切换到【视图】选项卡,在弹出的下拉列表中选择【编辑文档】命令,可退出阅读视图,返回普通视图,如图 3-6 所示。

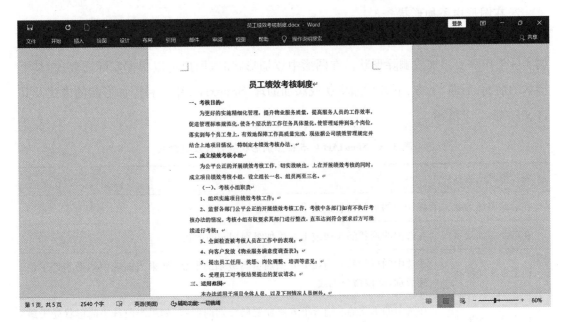

图 3-6　【普通视图】下查看"员工绩效考核制度"文档

四、Word 2013 文档的图文混排

图文混排是 Word 2013 文字处理软件的一项重要功能,可插入和编辑图片、图形、艺术字及文本框等要素。

知识点 27——
Word 2013 文档
的图文混排 1

(一) 应用 SmartArt 图形

SmartArt 图形是文字和图形相结合的视觉表现形式,创建 SmartArt 图形,可以快速、有效地传达信息。下面以创建"公司组织结构图"为例,介绍 SmartArt 图形在 Word 排版中的应用。

1. 选择和插入 SmartArt 图形

制作组织结构图之前,先在 Word 文档提供的 SmartArt 模板中选择和插入合适的图形。插入 SmartArt 图形的步骤为:

(1) 打开本实例的原始文件,将鼠标指针定位在要插入 SmartArt 图形的位置,单击【插入】选项卡,单击【插图】组中的【SmartArt】按钮。

（2）弹出【选择 SmartArt 图形】对话框，单击【层次结构】选项卡，选择【水平层次结构】，可在右侧看到该图形的预览效果，单击【确定】按钮。

（3）在文档中插入一个【水平层次结构】的 SmartArt 图形，录入文字完成设置。

2. 在图形中添加形状

默认情况下，Word 2013 中的每种 SmartArt 图形布局有固定数量的形状，用户可以根据实际工作需要添加或删除形状。在图形中添加形状时，用户可以根据实际需要，在某个形状的前面、后面、上方、下方添加形状或添加助理，SmartArt 中 5 种添加形状的方式及其含义，如表 3-6 所示。

表 3-6　SmartArt 中 5 种添加形状的方式及其含义

添加形状的方式	含　义
在后面添加形状	在选中的形状的右边或下方添加级别相同的形状
在前面添加形状	在选中的形状的左边或上方添加级别相同的形状
在上方添加形状	在选中的形状的左边或上方添加更高级别的形状，如果当前选中的形状处于最高级别，则该命令无效
在下方添加形状	在选中的形状的右边或下方添加更低级别的形状，如果当前选中的形状处于最低级别，则该命令无效
添加助理	仅适用于层次结构图形中的特定图形，用于添加比当前选中的形状低一级别的形状

为公司组织机构 SmartArt 图形添加形状的具体操作如下：

（1）在 SmartArt 图形中，选中形状"总经理"，单击鼠标右键，在弹出的快捷菜单中选择【添加形状|在下方添加形状】命令，即可在形状"总经理"的下方添加一个耳机形状。

（2）在 SmartArt 图形中，选中插入的二级形状，单击鼠标右键，在弹出的快捷菜单中选择【编辑文字】命令，在二级形状中输入文字"办公室"。

（3）在 SmartArt 图形中，选中形状"财务部"，单击鼠标右键，在弹出的快捷菜单中选择【添加形状|在前面添加形状】命令，可在形状"财务部"的前面添加一个同级形状。

（4）在 SmartArt 图形中，在新插入的二级形状中输入文字"策划部"，选中形状"财务部"，单击鼠标右键，在弹出的快捷菜单中选择【添加形状|在下方添加形状】命令，可在形状"财务部"的下方插入一个三级形状。

（5）在 SmartArt 图形中，在新插入的三级形状中输入文字"出纳"。使用同样的方法，在形状"办公室"的下方插入三个三级形状，依次输入文字"综合科""保卫科""人事科"。制作完成后的 SmartArt 图形，如图 3-7 所示。

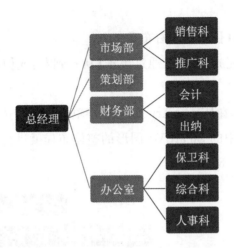

图 3-7　公司组织机构 SmartArt 图形

3. 更改形状级别

在 Word 2013 中,SmartArt 图形中的形状可以升级或降级,为用户设计更符合实际要求的 SmartArt 图形提供了方便。

(1) 在 SmartArt 图形中,选中三级形状"人事科",在【SmartArt 工具】栏中单击【设计】选项卡,单击【创建图形】组中的【升级】按钮,三级形状"人事科"就升级为二级形状。

(2) 在 SmartArt 图形中,选中二级形状"策划部",在【SmartArt 工具】栏中单击【设计】选项卡,单击【创建图形】组中的【降级】按钮,二级形状"策划部"就降级为三级形状。

4. 美化 SmartArt 图形

SmartArt 图形制作完成后,可以使用【SmartArt】栏中【设计】和【格式】选项卡中的工具进行美化,如设置 SmartArt 图形的颜色、布局、快速样式等。具体操作方法如下:

(1) 选中 SmartArt 图形,在【SmartArt 工具】栏中单击【设计】选项卡,单击【SmartArt 样式】组中的【更改颜色】按钮,在弹出的颜色列表中选择【彩色范围-着色5至6】选项。

(2) 选中 SmartArt 图形,在【SmartArt 工具】栏中单击【设计】选项卡,单击【SmartArt 样式】组中的【快速样式】按钮,在样式列表中选择【强烈效果】。如果用户对样式效果不满意,可以进行自定义。例如,在 SmartArt 图形中选中"总经理"形状,在【SmartArt 工具】栏中单击【格式】选项卡,单击【形状样式】组中的【形状填充】按钮,在弹出的下拉列表中选择【深红】选项。

(3) 选中"总经理"形状,单击【形状样式】组中的【形状轮廓】按钮,在弹出的下拉列表中选择【黄色】选项。

此外,用户还可以更改布局,选中 SmartArt 图形,在【SmartArt 工具】栏中单击【设计】选项卡,在【布局】组中单击【更改布局】按钮,在弹出的布局列表中选择【水平组织结构图】

选项。

5. 一键改变 SmartArt 图形的左右布局

SmartArt 图形制作完成后,可以通过单击【从右到左】或【从左到右】按钮,一键改变 SmartArt 图形的左右布局。

选中 SmartArt 图形,在【SmartArt 工具】栏中单击【设计】选项卡,单击【创建图形】组中的【从右向左】按钮,选中的 SmartArt 图形的整体布局就进行了左右调整,美化调整后的 SmartArt 图形,如图 3-8 所示。

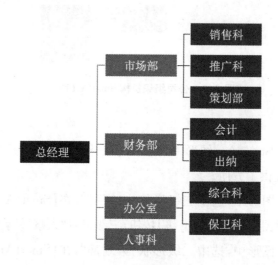

图 3-8　美化调整后的公司组织机构 SmartArt 图形

(二) 使用图片修饰文档

在编辑文档的过程中,经常会在文档中插入图片,可以使用图片工具修饰和美化图表,如调整图片大小、文字环绕方式、应用图片样式等。

1. 插入图片

将鼠标指针定位在要插入图片的位置,单击【插入】选项卡,单击【插图】组中的【图片】按钮,弹出【插入图片】对话框,打开指定位置的素材文件,选择图片,单击【插入】按钮,即可在指定位置插入图片"图片.jpg"。

2. 修饰图片

在 Word 文档中插入图片后,可以通过调整图片大小、应用快速样式等方法修饰和美化图片,有如下两种操作方法。

(1)选中图片,将鼠标指针定位在图片的右下角,按住鼠标左键不放,拖动鼠标可调整图片大小。

（2）选中图片，在【图片工具】栏中单击【格式】，在【图片样式】组中单击【快速样式】按钮，在弹出的下拉列表中选择【圆形对角，白色】选项。

3. 设置图片环绕方式

在编辑图文文档时，为了让图片与文字之间的编排更加紧密、美观，可以设置图片的文字环绕方式，图片的文字环绕方式一般包括 7 种，如表 3-7 所示。

表 3-7　7 种文字环绕方式

图片的文字 环绕方式	含义
嵌入型	默认的环绕方式，图形与文档中的文字一样占有实际位置，它在文档中与上、下、左、右文本的相对位置始终保持不变
四周型	无论图片是否为矩形图片，文字以矩形方式环绕在图片四周
紧密型	如果图片是矩形，则文字以矩形方式环绕在图片周围；如果图片是不规则图形，则文字将紧密环绕在图片四周
衬于文字下方	图片在下、文字在上，文字覆盖图片
浮于文字上方	图片在上、文字在下，图片覆盖文字，与"衬于文字下方"相反
上下型	文字环绕在图片上方和下方，文字不能出现在图像的左右两侧
穿越型	文字可以穿越不规则图片的空白区域环绕图片，与四周型类似

将插入图片的文字环绕方式设置为"四周型"，然后调整图片位置，具体操作方法为：选中图片，单击鼠标右键，在弹出的快捷菜单中选择【大小和位置】命令，弹出【布局】对话框，单击【文字环绕】选项卡，在【环绕方式】组中选择【四周型】选项，单击【确定】按钮。此时图片的环绕方式就变成了"四周型"，文字以矩形方式环绕在图片四周，拖动图片将其拖动到合适的位置。

4. 固定图片

默认情况下，Word 文档中插入图片是"嵌入型"，图片会随着文字和段落位置的变化而变化。如果将图片的文字环绕方式设置为"衬于文字下方"，在【位置】选项卡中撤选【对象随文字移动】复选框，可固定文档中的图片即无论文字和段落位置如何改变，图片位置都不会发生变化。

具体操作方法为：选中图片，在插入的图片上单击鼠标右键，选择【大小和位置】命令，弹出【布局】对话框，单击【文字环绕】选项卡，在【环绕方式】组中选择【衬于文字下方】选项。单击【位置】选项卡，在【选项】组中撤选【对象随文字移动】复选框，单击【确定】按钮，图片衬于文字下方,无论文字和段落位置如何改变,图片位置都不会发生变化。

(三) 使用艺术字修饰文档

艺术字在 Word 中的应用极为广泛,它是一种具有特殊效果的文字。在编排文档时,常用艺术字来突出标题。

1. 插入艺术字

将鼠标指针定位在要插入艺术字的位置,单击【插入】选项卡,单击【文本】组中的【艺术字】按钮,在弹出的下拉列表中选择【填充-白色,轮廓-着色 2,清晰阴影-着色 2】选项,在文档中插入一个艺术字文本框。在艺术字文本框中输入文字"员工招聘流程图"。

2. 修饰艺术字

插入艺术字后,通过设置字体格式设置艺术字的字号和对齐方式,通过艺术字样式功能设置艺术字的文本填充和文本轮廓。

具体操作方法为:选中艺术字文本框,单击【开始】,在【字号】下拉列表中选择【一号】选项,使用鼠标移动艺术字文本框,将其移动到居中位置。

如果用户对提供的艺术字样式不满意,还可以进行自定义。选中艺术字文本框,在【绘图工具】栏中单击【格式】选项卡,单击【艺术字样式】组中的【文本填充】按钮,在弹出的下拉列表中选择【黄色】选项,选中艺术字文本框,在【绘图工具】栏中单击【格式】选项卡,单击【艺术字样式】组中的【文本轮廓】按钮,在弹出的下拉列表中选择【红色】选项。美化调整后的艺术字,如图 3-9 所示。

员工招聘流程图

图 3-9　美化调整后的艺术字

(四) 插入形状制作流程图

1. 绘制形状

流程图是一个由多个形状图形和箭头组合而成的整体对象。

(1) 传统流程图的特点是用一些图框表示各种类型的操作,用线表示这些操作的执行顺序,具体形状及其用途,如表 3-8 所示。

知识点 28——
Word 2013 文档
的图文混排 2

表 3-8　具体形状及其用途

形状	含义	形状	含义
	准备		文档
	过程		手动输入
	可选过程		手动操作
	决策		终止
	数据	→	连接符

（2）绘制流程图中的形状。制作流程图，首先要绘制流程图中的形状，并对它们进行合理布局。

具体操作方法为：打开文档，将鼠标指针定位在要插入形状的位置，单击【插入】选项卡，在【插图】组中单击【形状】按钮，在弹出的下拉列表中选择【六边形】选项。此时鼠标指针变成十字形状，拖动鼠标绘制六边形。选中绘制的六边形，单击鼠标右键，在快捷菜单中选择【添加文字】命令，进入六边形编辑状态，输入文字"前期准备"。使用同样的方法执行插入形状命令，在下拉列表中选择【流程图：过程】，拖动鼠标绘制一个"流程图：过程"图形，添加文字"专场招聘"。

使用同样的方法，绘制以下多个流程图：

① 绘制一个"流程图：过程"图形，在其中添加文字"笔试"；

② 绘制一个"流程图：决策"图形，添加文字"合格"；

③ 绘制一个"流程图：决策"图形，添加文字"不合格"，并将其移动到合适的位置；

④ 绘制一个"流程图：决策"图形，添加文字"终止"。

（3）绘制连接符，一般情况下，流程图中的各种形状都是通过箭头或直线进行连接的，箭头或直线就是图形之间的连接符。

具体操作方法为：将鼠标指针定位在要插入形状的位置，单击【插入】选项卡，在【插图】组中单击【形状】按钮，在弹出的下拉列表中选择【箭头】选项，此时鼠标指针变成十字形状，将鼠标指针移动到要绘制箭头的起始位置，按住【Shift】键，向下拖动鼠标，释放鼠标，即可绘制一个垂直的下箭头。

使用同样的方法,再次执行插入形状命令,在下拉列表中选择【直线】选项。此时鼠标指针变成十字形状,将鼠标指针移动到要绘制直线的起始位置,按住【Shift】键向左拖动鼠标,释放鼠标,即可绘制一条水平直线。也可在下拉列表中选择【箭头】选项,通过绘制箭头或直线,将各形状连接起来。

2. 应用形状样式美化与修饰形状

Word 2013 为用户提供了多种形状样式,用户可以根据个人喜好应用合适的形状样式。

(1)填充颜色设置,具体操作方法为:鼠标左键选中图形,在【绘图工具】栏中,单击【格式】选项卡,单击【形状样式】组中的【形状填充】按钮,在弹出的下拉列表中选择【黄色】选项。

(2)线条颜色设置,具体操作方法为:鼠标左键选中图形,单击【格式】选项卡,单击【形状样式】组中的【形状轮廓】按钮,在弹出的下拉列表中选择【粗细】【1.5磅】。

3. 形状的组合

编排 Word 时,为了使图形看起来更加美观,通常将其组合为一个整体,并衬于文字下方。

(1)图形组合,具体操作方法为:按住【Shift】键,选中所有形状和连接符,单击鼠标右键,在弹出的快捷菜单中选择【组合】命令,此时选中的所有形状和连接符就组合成一个整体。

(2)图形文字环绕方式,具体操作方法为,选中组合后的图形,单击鼠标右键,在弹出的快捷菜单中选择【其他布局选项】命令,弹出【布局】对话框,单击【文字环绕】选项卡,单击【环绕方式】组中的【嵌入型】选项,单击【确定】按钮,此时组合的图形就嵌入到了文档中与文档中的文字一样占有实际位置,然后将其段落格式设置为【居中】。制作完成后的招聘流程图,如图 3-10 所示。

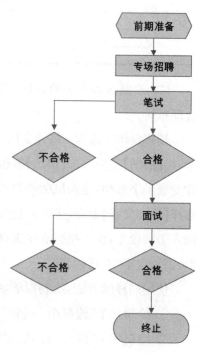

图3-10 制作完成后的招聘流程图

(五)使用文本框修饰文本

文本框可以突出显示文本内容,下面介绍如何使用文本框在"员工招聘方案"文档中制作"温馨提示"。

1. 插入文本框

插入文本框的操作方法为：将鼠标指针定位在要插入文本框的位置，单击【插入】选项卡，单击【文本】组中的【文本框】按钮，在弹出的下拉列表中选择【简单文本框】选项，即可在文档中插入一个横向的简单文本框。选中文本框，单击鼠标右键，在快捷菜单中选择【其他布局选项】命令，弹出【布局】对话框，单击【文字环绕】选项卡，选择【环绕方式】组中的【嵌入型】选项，单击【确定】按钮，文本框就嵌入到了文档中，与文档中的文字一样占有实际位置。在文本框中录入"温馨提示"的内容。

2. 修饰文本框

在文档中插入文本框后，接下来通过调整文本框大小、设置字体格式、设置文本框边线格式等方法美化和修饰文本框。

(1) 调整文本框大小和设置字体格式的具体操作方法为：将鼠标指针移动到文本框的右下角，此时鼠标指针变成十字形状，拖动鼠标调整文本框的大小。选中"温馨提示"，将其字体格式设置为"宋体三号、红字加粗、居中显示"。

(2) 设置文本框边线格式具体操作方法为：选中文本框，在【绘图工具】栏中单击【格式】选项卡，单击【形状样式】组中的【文本轮廓】按钮，在弹出的下拉列表中选择线型为"虚线方点"，线条粗细为"2.25磅"，并将线条演示设置为绿色。

修饰完成后的温馨提示文本框，如图 3-11 所示。

温馨提示

参加面试的同学请注意携带如下资料：
(1) 毕业证书（未毕业的同学携带学生证即可）。
(2) 个人简历。

图 3-11　修饰完成后的温馨提示文本框

(六) 综合案例：制作电子小报

电子小报是由 Word 文档制作而成的图文混排的电子报刊，由报头、标题、期刊信息、内容和页脚等元素组成，制作完成的电子小报，如图 3-12 所示。

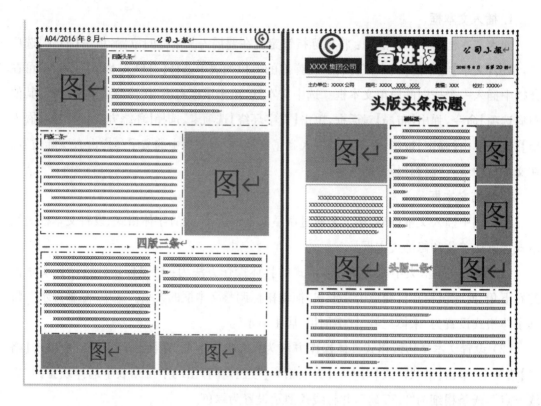

图 3-12　电子小报

电子小报的制作方法如下。

1. 插入并修饰艺术字

（1）插入艺术字，单击【插入】选项卡，单击【文本】组中的【艺术字】按钮，在弹出的下拉列表中选择【填充-黑色，文本 1，轮廓-背景 1，清晰阴影-背景 1】选项，即可在文档中插入一个艺术字文本框。在艺术字文本框中输入文字"头版头条标题"，并将其移动到合适的位置。

（2）修饰艺术字，选中艺术字文本框，在【绘图工具】栏中单击【格式】选项卡，单击【艺术字样式】组中的【文本轮廓】按钮，在弹出的下拉列表中选择【红色】选项。

2. 插入并修饰矩形框

（1）插入矩形框，将鼠标指针定位在要插入文本框的位置，单击【插入】选项卡，在【插图】组中单击【形状】按钮，在弹出的下拉列表中选择【矩形】选项，鼠标指针变成十字形状，拖动鼠标绘制矩形。

（2）修饰矩形框，选中矩形框，在【绘图工具】栏中单击【格式】选项卡，单击【形状样式】组中的【彩色轮廓-橙色，强调颜色 2】选项，选中矩形框，单击鼠标右键，在弹出的快捷菜单中选择【添加文字】命令，添加相应的文字信息。

3. 插入并修饰图片

（1）插入图片。单击【插入】选项卡，单击【插图】组中的【图片】按钮，弹出【插入图片】对话框，找到指定的图片，单击【插入】按钮。此时即可在指定位置插入图片。

（2）修饰图片。选中图片，单击鼠标右键，在弹出的快捷菜单中选择【大小和位置】命令，弹出【布局】对话框，单击【文字环绕】选项卡，在【环绕方式】组中选择【浮于文字上方】选项，单击【确定】按钮即可实现图片浮于文字上方。选中图片，将其移动到页眉位置，将鼠标指针移动到图片的右下角，拖动鼠标调整图片大小。

五、Word 2013 表格和图表的应用

使用 Word 2013 提供的表格和图表功能，可以清晰、简洁地展现和分析数据。本知识点将以制作产品销售统计表、计算销售数据、创建销售分析图标为例，介绍表格和图表在 Word 文档中的应用。

知识点 29——
Word 2013 表格
和图表的应用

（一）创建表格

在 Word 文档中创建表格的方法有多种，如"插入表格""手动绘制表格""直接插入电子表格"以及使用内置样式"插入快速表格"。

1. 插入表格

通过指定行和列的方式直接插入表格，包括如下两种类型。

（1）使用鼠标拖选行数和列数。具体操作方法为：打开 Word 文档，单击【插入】选项卡，单击【表格】组中的【表格】按钮，在弹出的表格面板中拖动鼠标选择行数和列数，如选择"4 列，3 行"。释放鼠标即可在文档中插入一个 4 列 3 行的表格。

（2）使用【插入表格】对话框。具体操作方法为：打开 Word 文档，单击【插入】选项卡，单击【表格】组中的【表格】按钮，在弹出的下拉列表中选择【插入表格】选项，弹出【插入表格】对话框，在【列数】和【行数】微调框中设置表格行数和列数。例如，将列数设置为"8"，将行数设置为"5"，单击【确定】按钮即可在文档中插入一个 8 列 5 行的表格。

2. 手动绘制表格

Word 2013 可以使用画笔绘制表格。使用画笔工具，拖动鼠标可以在页面中任意画出横线、竖线和斜线，从而创建各种复杂的表格。

具体操作方法为：打开 Word 文档，单击【插入】选项卡，单击【表格】组中的【表格】按钮，在弹出的下拉列表中选择【绘制表格】选项。此时鼠标指针变成"笔"的形状，按住鼠标左键向右下角拖动，即可绘制出一个虚线框，释放鼠标左键绘制表格的外边框。将鼠标指

针移动到表格的边框内,然后用鼠标左键依次在表格中绘制横线、竖线、斜线。

3. 插入电子表格

在 Word 2013 中制作和编辑表格时,可以直接插入电子表格,并且在电子表格中进行数据运算。

具体操作方法为:打开 Word 文档,单击【插入】选项卡,单击【表格】组中的【表格】按钮,在弹出的下拉列表中选择【Excel 电子表格】选项,将电子表格插入到 Word 文档中,并自动进入编辑状态。按【Esc】键可退出电子表格编辑状态,如果要再次编辑电子表格,在 Word 中双击电子表格即可。

4. 插入快速表格

使用【快速表格】功能,选择一种内置的表格样式,即可轻松插入一张表格。

具体操作方法为:打开 Word 文档,单击【插入】选项卡,单击【表格】组中的【表格】按钮,在弹出的下拉列表中选择【快速表格|矩阵】选项,根据选择的【矩阵】样式,在文档中插入一个快速表格。

(二) 调整表格

以"产品销售统计表"为例进行表格的调整,如表 3-9 所示。

表 3-9 产品销售统计表

日期	购货单位	产品型号	产品名称	购货数量(个)	销售额(元)	备注
2022	××公司	MD-001	发动机	5	100 000	已到账
2022	××公司	MD-002	变速器	10	78 000	未到账

1. 插入行和列

打开"产品销售统计表",选中要插入行的相邻行,单击鼠标右键,在弹出的快捷菜单中选择【插入|在上方插入行】命令,即可在选中行的上一行插入一个新行。选中要插入列的相邻列,单击鼠标右键,在弹出的快捷菜单中选择【插入|在左侧插入列】命令,在选中列的左侧插入一个新列,在插入列的标题单元格中输入文字"合同编号"。

2. 一键增加表格行

Word 表格每一行的右侧都会出现回车符,将鼠标定位在回车符的位置,按下回车键即可增加表格行。例如,将鼠标指针定位在表格第二行的行右侧,按【Enter】键,随即在该行的下方增加了一行。

3. 合并和拆分单元格

在 Word 文档中制作表格，可以对表格中的单元格进行合并或拆分操作。具体操作方法为：选中要合并的单元格，单击鼠标右键，在弹出的快捷菜单中选择【合并单元格】命令，选中的单元格就合并成一个单元格，然后输入文字"合计"。如果要拆分单元格，将鼠标指针定位在要拆分的单元格中，单击鼠标右键，在弹出的快捷菜单中选择【拆分单元格】命令，弹出【拆分单元格】对话框，输入要拆分的行数和列数，单击【确定】按钮。

4. 快速将表格一分为二

为避免表格行数较多，出现表格跨页的情况，可以使用【Ctrl＋Shift＋Enter】组合键，将 Word 表格一分为二，即一个表格拆分成两个表格。具体操作方法为：选中要拆分表格的临界行，按【Ctrl＋Shift＋Enter】组合键，以临界行为分割行，把表格拆分成两个。

5. 调整行高和列宽

具体操作方法为：单击表格右下角的小方块选中整个表格，按住鼠标左键不放，当鼠标指针变成十字形状时拖动鼠标从整体上调整整个表格大小、行高和列宽，调整完成后释放鼠标。

如果要单独调整行高，将鼠标指针移动到该行的下边线上，当鼠标指针变成双箭头形状，按住鼠标左键不放，上下拖动即可调整行高。如果要单独调整列宽，将鼠标指针移动到要调整的单元格的列边线上，当鼠标指针变成双箭头形状，按住鼠标左键不放，左右拖动即可调整列宽，使用同样的方法调整其他行高和列宽。

如果要准确设置表格中行高和列宽的数值，可以在【表格工具】栏中单击【布局】，在【单元格】组中根据实际需要设置单元格的"高度"和"宽度"。

6. 应用表格样式美化表格

Word 2013 中，可以使用表格样式快速制作出漂亮的表格，还可以通过设置表格对齐方式、表中文字的对齐方式、边框等方式进一步修饰和美化表格。

（1）表格对齐方式。具体操作方法为：选中表格，在【表格工具】栏中单击【设计】选项卡，在【表格样式】组中单击【其他】按钮，在弹出的表格样式列表中选择喜欢的样式。例如，选择【网格表 4‑着色 1】，选中的表格就应用了所选样式。

（2）表中文字的对齐方式。具体操作方法为：选中表格，单击【开始】选项卡，在【段落】组中单击【居中】按钮。

（3）表中边框美化。具体操作方法为：选中表格，在【表格工具】栏中单击【设计】选项卡，在【边框】组中单击【边框】按钮，在弹出的下拉列表中选择【边框和底纹】选项，弹出【边框和底纹】对话框，单击【边框】选型卡，在【样式】列表中选择【双线】，在【宽度】下拉列表中选择【1.5 磅】选项，在【预览】界面中依次单击 4 条边线，单击【确定】按钮。

全部设置完成后的"产品销售统计表",如表 3-10 所示。

表 3-10 设置完成后的"产品销售统计表"

日期	合同编号	购货单位	产品型号	产品名称	购货数量（个）	销售额(元)	备注
2022		××公司	MD-001	发动机	5	100 000	已到账
2022		××公司	MD-002	变速器	10	78 000	未到账
合计							

（三）在 Word 文档中计算销售数据

在 Word 2013 中,表格具有简单的计算功能,包括加、减、乘、除及求和、求平均值等常见运算,可以借助这些计算功能完成简单的统计工作。下面以"销售数据表"为例,介绍 Word 文档中的计算,如表 3-11 所示。

表 3-11 销售数据表　　　　　　单位：元

年份	招标	零售出货	合计
2020 年	4 530 000	6 710 000	
2021 年	3 840 000	6 020 000	
2022 年	3 290 000	8 440 000	

1. 插入公式

表格工具栏专门在【布局】选项卡的【数据】组中提供了插入公式功能。具体操作方法为：打开文档,将鼠标指针定位在要插入公式的单元格中,在【表格工具】栏中单击【布局】选项卡,在【数据】组中单击【公式】,弹出【公式】对话框,在【公式】文本框中自动显示求和公式"=SUM(LEFT)",单击【确定】按钮即可在光标坐在位置插入公式,并得出计算结果。复制计算结果,并将其粘贴在下方的 2 个单元格中。

2. 更新域

在 Word 表格中,使用公式插入并复制计算结果后,可以通过更新域功能更新计算结果。具体操作方法为：按【Ctrl＋A】组合键选中整篇文档,单击鼠标右键,在弹出的快捷菜单中选择【更新域】命令,之前复制并粘贴的数据就自动应用公式,并得出计算结果。

计算完成后的"销售数据表",如表 3-12 所示。

表 3-12　计算完成后的"销售数据表"　　　　单位:元

年份	招标	零售出货	合计
2020 年	4 530 000	6 710 000	11 240 000
2021 年	3 840 000	6 020 000	9 860 000
2022 年	3 290 000	8 440 000	11 730 000

(四) 综合案例: 创建和美化销售图表

Word 2013 自带各种样式的图表,如柱形图、折线图、饼图、条形图、面积图、散点图等。下面将对销售数据进行分析,介绍如何使用 Word 的图表功能制作销售趋势分析图。

1. 创建图表

在 Word 2013 文档中创建图表的方法非常简单,用户只需在文档中插入图表,并编辑数据,图标就会随着数据变化而变化。

具体操作方法为:将鼠标指针定位在要插入图表的位置,单击【插入】选项卡,单击【插图】组中的【图表】按钮,弹出【插入图表】对话框,单击【柱形图】选项卡,在右侧列表中选择【簇状柱形图】选项,单击【确定】按钮即可在文档中插入一个簇状柱形图,并弹出电子表格。在电子表格中录入数据,选中要删除的行,单击鼠标右键,在弹出的快捷菜单中选择【删除】命令,选中要删除的列,单击鼠标右键,在弹出的快捷菜单中选择【删除】命令。单击电子表格右上角的【关闭】按钮,即可将其关闭。返回 Word 文档,此时图表就会随着电子表格中数据的变化而变化,将表格标题设置为【销售趋势分析】,并设置字体格式。

2. 美化图表

图表创建完成后,可以使用更改图表类型、应用快速样式、设置数据系列格式等方式修饰和美化图表。

(1) 更改图表类型。具体操作方法为:选中图表,在【图表工具】栏中单击【设计】选项卡,单击【类型】组中的【更改图表类型】按钮,弹出【更改图表类型】对话框,单击【折线图】选项卡,在右侧列表中选择【折线图】选项,单击【确定】按钮,此时图表类型变成了折线图。

(2) 应用图表快速样式。具体操作方法为:选中图表,在【图表工具】栏中单击【设计】选项卡,单击【图标样式】组中的【快速样式】按钮,在弹出的下拉列表中选择【样式 11】选项,此时图表就应用了选中的"样式 11"。

（3）设置数据系列格式。具体操作方法为：选中数据系列【零售出货】，单击鼠标右键，在弹出的快捷菜单中选择【设置数据系列格式】命令，在文档的右侧弹出【设置数据系列格式】窗格，在【系列选项】中选中【平滑线】复选框。使用同样的方法，选中数据系列【招标】，在【系列选项】中选中【平滑线】复选框即可。

创建和美化后的销售图表，如图 3-13 所示。

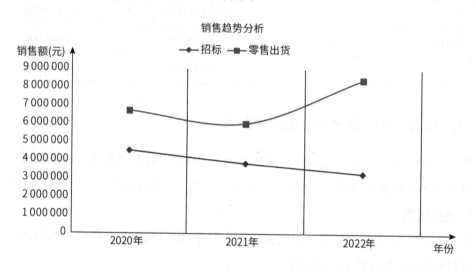

图 3-13　创建和美化后的销售图表

六、Word 2013 的长文档排版技术

Word 提供了一系列编辑长文档的高级功能，正确使用这些功能，可以轻松编排长文档。

知识点 30——
Word 2013 的长
文档排版技术 1

（一）设置打印页面

创建文档后，Word 默认设置了文档的页边距、纸型、纸张的方向等页面属性，用户可以根据需要对页面属性进行设置。

1. 设置页边距

页边距通常是指页面四周的空白区域，设置页边距能够控制文本的宽度和长度，并留出装订边。

具体操作方法为：打开文档，单击【页面布局】选项卡，单击【页面设置】组中右下角的【对话框启动器】按钮，弹出【页面设置】对话框，单击【页边距】选项卡，在【预览】组中的【应用于】下拉列表中选择【整篇文档】选项，在【页边距】组中依次将"上、下、左、右"的页边距设置成合适的距离,单击【确定】按钮完全设置。

2. 设置纸张大小和方向

具体操作方法为:在【页面设置】对话框中,单击【页边距】选项卡,在【纸张方向】组中选择【纵向】选项,单击【纸张】选项卡,在【纸张大小】下拉列表中选择合适的纸张型号。

3. 设置版式和文档网格

Word 2013 提供了版式和文档网格设置的功能,用户可以设置页眉、页脚、页面垂直对齐方式及行号等特殊的版式选项,精确指定文档的每页所占行数及每行所占字数。

(1) 设置页眉、页脚、页面垂直对齐方式。单击【版式】选项卡,在【页眉】和【页脚】微调框中输入合适的距离值。

(2) 指定文档的每页所占行数及每行所占字数。单击【文档网格】选项卡,在【网格】组中选中【只指定行网格】单选按钮,在【行数】组中的【每页】微调框中输入文档中每行所占字数,单击【确定】按钮。

(二) 使用样式设置段落格式

样式是指一组已经命名的字符和段落格式,在编辑文档的过程中,正确设置和使用样式可以极大地提高工作效率。

1. 套用系统内置样式

Word 2013 自带了一个样式库,用户可以套用内置样式设置文档格式,也可以根据需要更改样式。

(1) 使用"样式"库。具体操作方法为:选中要套用样式的文本或段落,单击【开始】选项卡,在【样式】组中的【样式】库中选择"标题 1"选项,此时选中的文本或段落就会应用"标题 1"的样式。

(2) 利用"样式"任务窗格。具体操作方法为:单击【开始】选项卡,在【样式】组中单击右下角的【对话框启动器】按钮,文档右侧弹出一个【样式】任务窗格。选中要套用样式的文本或段落,在【样式】任务窗格中单击"标题 2"选项,此时选中的文本或段落就会应用"标题 2"的样式。将鼠标指针移动到【样式】任务窗格中的"标题 2"选项上,可查看样式"标题 2"的字体和段落格式。

2. 修改样式

用户可以随时修改 Word 的内置样式和自定义样式。

具体操作方法为:将鼠标指针定位在【一级标题】上,在【样式】任务窗格中单击"标题 1"样式右侧的下三角按钮,在弹出的下拉列表中选择【修改】命令,弹出【修改样式】对话框,并在【格式】组中显示当前样式字体和段落格式,在【格式】组中将字体格式设置为【黑体、三号、加粗、居中）。单击【格式】按钮，在弹出的列表中选择【段落】命令，弹出【段落】对话框，单击【缩进和间距】选项卡，在【间距】组中的【行距】下拉列表中选择【1.5 倍行距】，在【段前】和【段后】微调框中均输入"1 行"，单击【确定】按钮。返回【修改样式】对话框，此时在【格式】组中显示修改后的"标题 1"样式的字体和段落格式，单击【确定】按钮完成样式修改。

3. 刷新样式

刷新样式的方法主要有以下两种：

（1）使用鼠标。具体操作方法为：选中要套用样式的一级标题，在【样式】任务窗格中单击"标题 1"选项，选中的一节标题就会应用"标题 1"的样式。使用同样的方法，将"标题 1"的样式刷新到其他一级标题即可。

（2）使用格式刷。具体操作方法为：选中应用样式的二级标题，单击【开始】选项卡，双击【剪贴板】组中的【格式刷】按钮，此时格式刷就会呈高亮显示。将鼠标指针移动到文档中，此时鼠标指针变成刷子形状，拖动鼠标选中下一个二级标题，释放鼠标，此时拖选的标题就会应用"标题 2"样式。使用格式刷单击或拖选其他要应用"标题 2"样式的二级标题。刷新完成后，单击【开始】选项卡，单击【剪贴板】组中的【格式刷】按钮，退出格式刷状态。

（三）添加页眉和页脚

为了使文档的整体显示效果更优，文档创建完成后，通常还需要为文档添加页眉、页脚、页码等修饰性元素。

1. 插入分隔符

当文本或图形等内容填满一页时，Word 文档会自动插入一个分页符并开始新的一页。另外，用户还可以根据需要进行强制分页或分节。分隔符包括分页符、分栏符及分节符等。

（1）分节符。分节符是指为表示节的结尾插入的标记。分节符起着分隔其前面文本格式的作用，如果删除某个分节符，它前面的文字会合并到后一节中，并应用后者的格式设置。

分节符的类型主要包括下一页、连续、奇数页、偶数页等。

① 下一页：在插入此分节符的地方，Word 会强制分页，新的"节"从下一页开始。如果要在不同页面上分别应用不同的页码样式、页眉和页脚文字，以及想改变页面的纸张方向、纵向对齐方式或者纸型，应使用这种分节符。

② 连续：插入"连续"分节符后，文档不会被强制分页，帮助用户在同一页面上创建不同的分栏样式或不同的页边距大小。当我们要创建报纸、期刊样式的分栏时，需要连续分

节符的帮助。

③ 奇数页：插入"奇数页"分节符后，新的一节会从其后的第一个的奇数页面开始。在编辑长篇文稿，尤其是书稿时，人们一般习惯新的章节题目排在奇数页，此时可使用"奇数页"分节符。

④ 偶数页：偶数页分节符的功能与奇数页的类似，新的一节从偶数页开始。

在 Word 文档中插入分节符的具体步骤为：将光标定位在要插入分节符的位置，单击【页面布局】选项卡，单击【页面设置】组中的【分隔符】按钮，在弹出的下拉列表中选择【分节符|下一页】选项即可在文档中插入一个分节符，光标之后的文本自动切换到了下一节。

（2）分页符。在某个特定位置强制分页，可插入"手动"分页符，以确保章、节标题总是从新的一页开始。

在 Word 文档中插入分页符的具体步骤为：将光标定位在一级标题"第二章公司组织架构"的行首，单击【页面布局】选项卡，单击【页面设置】组中的【分隔符】按钮，在弹出的下拉列表中选择【分页符|分页符】选项即可在文档中插入一个分页符，光标之后的文本自动切换到下一页。

2. 页眉和页脚

页眉和页脚常用于显示文档的附加信息，既可以插入文本也可以插入示意图。

在 Word 文档中插入页眉和页脚的具体步骤为：单击【插入】选项卡，在【页眉和页脚】组中单击【页眉】按钮，在弹出的内置样式中选择【空白】选项，即可在页面中的页眉位置添加上"空白"样式的页眉，并在【在此处键入】位置输入页眉文字内容。设置完成后，在【页眉和页脚工具】栏中单击【设计】选项卡，单击【关闭】组中的【关闭页眉和页脚】按钮。

如果要在同一节中设置奇偶页不同的页眉和页脚，则在【页眉和页脚工具】栏中单击【设计】选项卡，勾选【选项】组中的【奇偶页不同】复选框。

如果要在不同的节中设置奇偶页不同的页眉和页脚，除了勾选【奇偶页不同】复选框，还要注意取消勾选【键接到上一节】复选框。设置本节页眉和页脚前，如果【导航】组中的【链接到上一节】按钮呈高亮显示，先单击该按钮，取消高亮显示，再进行页眉和页脚的设置。

3. 页码

（1）从首页开始插入页码，默认情况下，Word 2013 文档都是从首页开始插入页码。具体操作方法为：第一页中的页脚位置双击，即可进入页眉和页脚编辑状态。将鼠标指针定位在页脚中，在【页眉和页脚工具】栏中单击【设计】选项卡，单击【页眉和页脚】组中的【页

码】按钮,在弹出的下拉列表中选择【页面底端|普通数字2】选项,在页脚位置插入"普通数字2"样式的页码。选中设置的页码,在【页眉和页脚工具】栏中单击【设计】选项卡,单击【页眉和页脚】组中【页码】按钮,在下拉列表中选择【设置页码格式】选项,弹出【页码格式】对话框,在【编号格式】下拉列表中选择"ⅰ,ⅱ,ⅲ,…"选项,在【页码编号】组中选中【起始页码】单选钮,单击【确定】按钮。页码格式变为罗马数字样式,如果样式效果不明显,可以将字体格式设置为【宋体】。

(2)从第N页开始插入页码,Word 2013支持使用"分节符"功能从指定的第N页开始插入页码。以从正文即第2页开始插入普通阿拉伯数字样式的页码为例,具体操作步骤为:默认情况下,从第1节中插入的页码会自动应用到下面的节中。选中第2节中的页码,在【页眉和页脚工具】栏中单击【设计】,单击【页眉和页脚】组中的【页码】,在弹出的下拉列表中选择【设置页码格式】选项,弹出【页码格式】对话框,在【编号格式】下拉列表中选择"1,2,3,…"选项,在【页码编号】组中选中【起始页码】单选钮,单击【确定】按钮。页码格式变为阿拉伯数字样式,设置完成,在【页眉和页脚工具】栏中单击【设计】选项卡,单击【关闭】组中的【关闭页眉和页脚】按钮。

4. 删除页眉中的横线

默认情况下,在Word文档中插入页眉后会自动在页眉下方添加一条横线。可以通过设置边框删除这条横线。在文档的页眉位置双击鼠标,进入页眉和页脚编辑状态,选中页眉所在的行,单击【开始】选项卡,在【段落】组中单击【边框】按钮,在弹出的下拉列表中选择【下框线】选项。

(四)为文档添加目录

知识点31——
Word 2013的长
文档排版技术2

文档创建完成后,为便于阅读,可以为文档添加一个目录,使文档的结构更加清晰,便于阅读者对整个文档进行定位。

1. 插入目录

生成目录之前,要根据文本的标题样式设置大纲级别,大纲级别设置完毕即可在文档中插入自动目录。

(1)设置大纲级别。Word 2013使用层次结构组织文档,大纲级别是段落所处层次的级别编号。Word 2013提供的内置标题样式中的大纲级别是默认设置的,用户可以直接生成目录,也可以自定义大纲级别,使用导航窗格可以快速显示Word 2013文档的标题大纲。

具体操作方法为:选中一级标题,将鼠标指针移动到【样式】任务窗格中的"标题1"样式上,显示"标题1"样式的详细信息,样式中默认一级标题的大纲级别为"1级"。选中二级标题,将鼠标指针移动到【样式】任务窗格中的"标题2"样式上,显示"标题2"样式的详细信息,样式中默认二级标题的大纲级别为"2级"。如果要自定义标题的大纲级别,打开【段落】对话框,单击【缩进和间距】选项卡,在【大纲级别】下拉列表中选择大纲级别。单击【视图】选项卡,在【显示】组中勾选【导航窗格】复选框,即可在文档中显示【导航】窗格,查看全文的标题大纲。

(2) 生成目录。具体操作方法为:将鼠标指针定位在第1页中分节符的行首,单击【引用】选项卡,在【目录】组中单击【目录】按钮,在弹出的内置列表中选择【自动目录1】选项,即可在光标所在位置插入自动目录。

在文档中插入的自动目录,默认情况下是包含3级标题,单击【目录】按钮,在弹出的下拉列表中选择【自定义目录】选项,弹出【目录】对话框,可修改目录的【显示级别】。例如,将【显示级别】设置为"4",就可以生成4级目录。

2. 修改目录

具体操作方法为:选中标题"目录",单击【开始】选项卡,单击【段落】组中的【居中】按钮,在【字体】组的【字号】下拉列表中选择"小四"选项,在【字体】组的【字体】下拉列表中选择"Times New Roman"选项,在【段落】组中单击【行和段落间距】按钮,在弹出的下拉列表中选择"1.5"选项。选中目录中第一个一级标题的整行,单击【开始】选项卡,在【字体】组中单击【加粗】按钮,此时所有的一级标题都执行了加粗操作。

3. 更新目录

在编辑或修改文档的过程中,如果文档内容或格式发生了变化,则需要更新目录,通常包括只更新页码和更新整个目录两种。

(1) 只更新页码。在插入的自动目录中单击【更新目录】按钮,弹出【更新目录】对话框,选中【只更新页码】单选钮,单击【确定】按钮,即可更新目录中的页码。

(2) 更新整个目录。单击【引用】选项卡,在【目录】组中单击【更新目录】按钮更新目录,也可以在生成的目录上单击鼠标右键,使用更新域的方法更新目录。

(五) 为文档添加题注、脚注和尾注

在编辑文档的过程中,为了使读者便于阅读和理解文档内容,经常在文档中插入题注、脚注或尾注,用于对文档的对象进行解释说明。

1. 插入题注

在文档编排中经常遇到图文混排的情况,可以使用 Word 2013 的插入题注功能实现图表的自动编号。

具体操作方法为:选中要应用题注的图片,单击【引用】选项卡,在【题注】组中单击【插

入题注】按钮,弹出【题注】对话框,单击【新建标签】按钮,弹出【新建标签】对话框,在【标签】文本框中输入"图",单击【确定】。返回【题注】对话框,此时【题注】文本框中就会显示"图1"。在【位置】下拉列表中选择【所选项目下方】选项,单击【确定】按钮,此时,在选中的图片下方就会添加编号"图1"。选中要应用题注的下一张图片,单击【引用】选项卡,在【题注】组中单击【插入题注】按钮,弹出【题注】,此时【题注】文本框中就会显示"图2",单击【确定】按钮,此时,在选中的图片下方就会顺序添加编号"图2"。

2. 插入脚注

在 Word 2013 中,用户可以在文档中插入脚注,对文档中的某个内容进行解释、说明或提供参考资料等对象。

(1)添加脚注。将光标定位在要插入脚注的位置,单击【引用】选项卡,单击【脚注】组中的【插入脚注】按钮,即可在光标位置插入一个脚注编号"1",同时在页面底端出现一条横线和一个脚注编号,此时就可以在页面底端输入脚注内容。

(2)修改脚注。选中页面底端的脚注编号,单击鼠标右键,在弹出的快捷菜单中选择【便笺选项】命令,弹出【脚注和尾注】对话框,在【编号格式】下拉列表中选择"①②③…"选项,在【编号】下拉列表中选择【连续】选项。在【将更改应用于】下拉列表中选择【本节】选项,单击【应用】按钮,脚注编号就变为"①,②,③,…"的形式。

将光标定位在要插入脚注的位置,单击【引用】选项卡,单击【脚注】组中的【插入脚注】按钮,在光标位置插入一个脚注编号"②",同时在页面底端出现一条横线和一个脚注编号,输入脚注内容即可。将鼠标指针移动到文档中插入脚注的编号上,此时就会显示脚注的具体内容。双击脚注编号,可实现页面编号与页面底端编号的链接。

3. 插入尾注

Word 2013 可以在文档中插入尾注,对文档中的某个内容进行解释说明。尾注一般在节的结尾或文档的结尾,多用于列示参考文献等内容。下面以自定义"[1],[2],[3],…"形式的编号为例,介绍如何在文档中插入尾注。

具体操作方法为:将光标定位在要插入尾注的位置,单击【引用】选项卡,在【脚注】组中单击右下角的【对话框启动器】按钮,弹出【脚注和尾注】对话框,在【位置】组中选中【尾注】单选钮,在【自定义标记】文本框中输入"[1]",单击【插入】按钮,即可在光标位置和文档节的结尾插入一个尾注编号"[1]"。在节的结尾输入尾注内容,将鼠标指针移动到尾注编号上,双击鼠标,即可链接到文档中的尾注编号,将鼠标指针移动到文档中的尾注编号上也可以浏览尾注内容。

4. 尾注后设置大纲级别

在文档编排工作中,尤其在论文排版中,"参考文献"通常采用尾注的方式进行列示,如果继续在"参考文献"的下方添加"致谢""附录"等内容,则不能设置大纲级别。此时,可以插入"连续分节符"和"下一页分节符",继续为后面的标题设置大纲级别。具体操作方式为:

(1) 将光标定位在参考文献之后,单击【页面布局】选项卡,在【页面设置】组中单击【分隔符】按钮,在弹出的下拉列表中选择【分节符|连续】选项,在参考文献之后插入一个连续分节符。

(2) 将光标定位在尾注中,单击鼠标右键,在快捷菜单中选择【便笺选项】命令,弹出【脚注和尾注】对话框,在【尾注】下拉列表中选中【节的结尾】选项,在【将更改应用于】下拉列表中选择【整篇文档】选项,单击【应用】按钮。

(3) 将光标定位在尾注后面的空行中,单击【页面布局】,在【页面设置】组中单击【分隔符】按钮,在弹出的下拉列表中选择【分节符|下一页】选项。此时即可在光标位置插入一个分节符,并开始新的一页,在新页中输入文字"致谢",并做【居中】设置。选中文字"致谢",打开【段落】对话框,在【大纲级别】下拉列表中选择【1级】选项,单击【确定】按钮。返回Word文档,单击【视图】选项卡,在【显示】组中勾选【导航窗格】复选框,弹出【导航】窗格,此时即可在【导航】窗格中看到1级标题"致谢"。

(六) 设计文档封面

Word 2013 提供了多种内置的时尚封面供用户选择,如奥斯汀、边线型、花丝、怀旧等。通过插入封面功能,可以为 Word 文档插入风格各异的封面。

1. 插入封面模板

单击【插入】选项卡,在【页面】组中单击【封面】按钮,在弹出的内置列表中选择【怀旧】选项,即可在文档的首页插入"怀旧"样式的封面。

2. 修饰封面模板

插入封面模板后,可以对模板内容的文本格式进行自定义设置。例如,设置醒目标题和公司信息等。将光标定位在【标题】文本框中,输入文档标题"固定资产管理办法",选中文档标题,单击【开始】选项卡,在【字体】组中的【字体】下拉列表中选择【华文中宋】选项,在【字体】组中单击【加粗】按钮。将光标定位在【副标题】文本框中,输入副标题"北京 xxx 开发有限公司"。选中文档副标题,单击【开始】选项卡,在【字体】组中的【字体】下拉列表中选择【华文中宋】选项,在【字体】组中单击【加粗】按钮。使用同样的方法输入并设置公司名称和地址等信息。

设置好的文档封面,如图 3-14 所示。

图 3-14　文档封面

（七）综合案例：编排"年度财务预算方案"文档

Word 文档提供了分栏排版和设置页码类型的功能。结合分节符功能，设置文档为一栏排版或多栏排版，从而在不同的节中设置不同类型的页码。

1. 一栏和两栏混排

Word 默认的版式是一栏排版，用户可以根据需要设置为两栏排版或多栏排版。

具体操作方法为：将光标定位在正文最前方，单击【页面布局】选项卡，单击【页面设置】组中的【分隔符】按钮，在弹出的下拉列表中选择【分节符｜下一页】选项，插入一个分节符，将封面与正文分为两节。

将光标定位在第 2 节的正文中，单击【页面布局】选项卡，单击【页面设置】组中的【分栏】按钮，在弹出的下拉列表中选择【两栏】选项，此时第 2 节中所有的段落和文本都会以两栏分排，如图 3-15 所示。

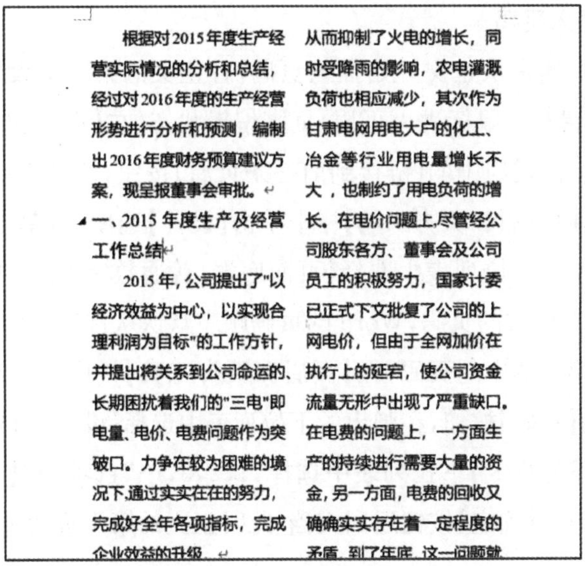

根据对2015年度生产经营实际情况的分析和总结，经过对2016年度的生产经营形势进行分析和预测，编制出2016年度财务预算建议方案，现呈报董事会审批。

一、2015年度生产及经营工作总结

2015年，公司提出了"以经济效益为中心，以实现合理利润为目标"的工作方针，并提出将关系到公司命运的、长期困扰着我们的"三电"即电量、电价、电费问题作为突破口。力争在较为困难的境况下，通过实实在在的努力，完成好全年各项指标，完成企业效益的升级。

从而抑制了火电的增长，同时受降雨的影响，农电灌溉负荷也相应减少，其次作为甘肃电网用电大户的化工、冶金等行业用电量增长不大，也制约了用电负荷的增长。在电价问题上，尽管经公司股东各方、董事会及公司员工的积极努力，国家计委已正式下文批复了公司的上网电价，但由于全网加价在执行上的延宕，使公司资金流量无形中出现了严重缺口。在电费的问题上，一方面生产的持续进行需要大量的资金，另一方面，电费的回收又确确实实存在着一定程度的矛盾，到了年底，这一问题就

图 3-15 文本两栏效果

如果双栏板式中表格或图片的宽度较大，可以将单个图表部分进行通栏排版。

具体操作方法为：单击【页面布局】选项卡，单击【页面设置】组中的【分隔符】按钮，在弹出的下拉列表中选择【分节符|连续】选项，在表格前方插入一个分节符。使用同样的方法在表格后插入一个分节符，将光标定位在两个分节符之间，单击【页面布局】选项卡，单击【页面设置】组中的【分栏】按钮，在弹出的下拉列表中选择【一栏】选项。此时两个分节符之间的表格就呈现为通栏排版，而且不会影响上下文的双栏排版，如图 3-16 所示。

理，使其上一个新台阶，保证资产的完整和明晰。

对于税收、外汇、债务重整等一些具体工作，我们的设想是开创新思路，从每一项具体工作中，为自己提出新问题，解决新问题，并通过这样的过程使自已得到提高，也促使公司的管理工作不断提高。

力工作，力争使跨世纪的2016年成为我们进行新发展的坚实基础。

（二）重点项目财务预算及指标安排

2016年将重点对产品升级研发和市场拓展两个大方向进行攻关，包括A、B两个项目，具体预算情况如表1所示：

表1 2016年度各项目内容和预算金额

方向	项目内容	预算金额（元）
产品升级研发	项目A	100000
市场拓展	姓名B	150000

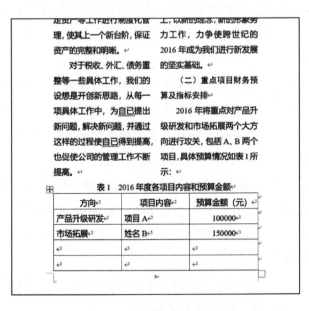

图 3-16 一栏和两栏混排效果

2. 从正文开始插入页码

在编排长文档时,通常从正文开始插入页码,且正文的第 1 页设置页码为"1"。在第 2 节中的首页页脚位置双击鼠标进入页眉/页脚编辑状态,在【页眉和页脚工具】栏中单击【设计】选项卡,单击【导航】组中的【链接到前一条页眉】按钮,使其不再高亮显示。将鼠标指针定位在页脚中,在【页眉和页脚工具】栏中单击【设计】选项卡,单击【页眉和页脚】组中的【页码】按钮,在弹出的下拉列表中选择【页面底端|普通数字 2】选项。此时即可在页脚位置插入"普通数字 2"样式的页码,Word 的页码顺序默认从首页开始,所有正文的第 1 页显示页码"2"。选中第 2 节中的页码,在【页眉和页脚工具】栏中单击【设计】选项卡,单击【页眉和页脚】组中的【页码】按钮,在弹出的下拉列表中选择【设置页码格式】选项,弹出【页码格式】对话框,在【编号格式】下拉列表中选择"1,2,3,…"选项,在【页码编号】组中选中【起始页码】单选钮,单击【确定】按钮返回文档,此时正文的第 1 页的页码就设置成了"1"。

知识点 32——
Word 2013 文档
的审阅与修订

七、Word 2013 文档的审阅与修订

Word 2013 除了基本的文档编辑功能,还有文档导航、文档校对、文档批注、文档修订、文档比较等审阅和修订功能。

(一) 使用导航查看文档

Word 2013 提供了可视化的"导航窗格"功能。在文档中为不同的章、节、条标题定义大纲级别,"导航窗格"中就会显示出不同大纲级别的标题大纲,使用"导航窗格"可以快速查找文本,查看文档结构图和页面缩略图,帮助用户快速定位文档位置。

1. 快速查找文本

打开文档,单击【视图】选项卡,勾选【显示】组中的【导航窗格】复选框,文档左侧弹出【导航窗格】。在【导航窗格】中的【搜索】文本框中输入要检索的词语,即可统计搜索结果,并在【标题】选项卡中用黄色底纹突出显示含有要检索的词语的章节标题,单击突出显示的章节标题即可切换到其所在的页面,然后查看搜索结果。

单击【页面】选项卡,显示搜索结果所在的页面缩略图,单击其中的任意一个页面缩略图,即可快速切换到该页,并找到该页的查找结果。单击【结果】选项卡,显示搜索结果所在的段落,单击其中的任意一个段落,即可快速切换到该段落,并找到该段落的查找结果。

2. 查看文档结构图

文档结构图通常包含文档的各个不同等级的标题,显示整个文档的层次结构。查看文档结构图,可以对整个文档进行快速浏览和定位。

打开【导航窗格】，单击【标题】选项卡，显示文档的标题大纲，单击其中的任意标题，即可定位到标题所在的页面。

3. 查看页面缩略图

使用"导航窗格"功能，还可以快速浏览文档缩略图。打开【导航窗格】，单击【页面】选项卡，显示文档的页面缩略图，单击其中任意一个页面缩略图，即可定位到该页。

（二）应用批注审阅文档

批注可以帮助用户对文档中的重要部分和难以理解的内容进行解释说明。Word 2013 不仅提供了直接添加批注的功能，还可以对其他用户的批注进行答复。

1. 新建批注

选中要添加批注的文本或段落，单击【审阅】选项卡，在【批注】组中单击【新建批注】按钮，此时选中的文本框或段落呈红色显示，并在文档的左侧由一条红色直线引出批注框，显示批注者的信息，此时可在批注框中输入批注的内容。

2. 答复批注

Word 2013 提供了全新的批注互动功能，可以通过批注答复功能进行互动交流。

具体操作方法为：选择要答复的其他用户的批注，单击右上角的【答复批注】按钮，批注框中会显示答复者的账号、头像等信息，然后在批注框中直接输入答复的内容。

除了直接单击【答复批注】按钮，还可以直接单击批注，在弹出的快捷菜单中选择【答复批注】命令，此时也会弹出批注框，并显示答复者的账号，然后在批注框中输入需要答复的内容即可。

3. 删除批注

删除批注的方法主要有以下两种：

（1）选中要删除的批注框，单击【审阅】选项卡，在【批注】组中单击【删除】按钮，在弹出的下拉列表中选择【删除】选项，即可删除选中的批注。

（2）选中要删除的批注框，单击鼠标右键，在弹出的快捷菜单中选择【删除批注】命令即可。

4. 更改批注显示方式

Word 2013 提供了以下 3 种批注显示方式：

（1）在批注框中显示批注。批注会显示在文档右侧页边距的区域，并由一条虚线链接到批注原始文字的位置。

（2）以嵌入的方式显示批注。此方式就是屏幕提示的效果，当把鼠标指针悬停在增加批注的原始文字的上方时，屏幕上会显示批注的详细信息。

将批注显示方式更改为"以嵌入方式显示所有批注"的具体操作方法为：选中批注框，单击【审阅】选项卡，在【修订】组中单击【显示标记】按钮，在弹出的下拉列表中选择【批注框|以嵌入方式显示所有修订】选项。此时，所有批注都会以嵌入方式显示在文档中。如果要恢复批注框的显示，单击【审阅】选项卡，在【修订】组中单击【显示标记】按钮，在下拉列表中选择【批注框|在批注框中显示修订】选项。

（3）在【审阅窗格】中显示批注。此方式需要在【审阅】功能区【修订】组中单击【审阅窗格】，选择【垂直审阅窗格】或【水平审阅窗格】。

（三）修订文档

Word 具有"文档修订"功能，在修订状态下，对文档进行插入、删除、替换及移动等编辑操作时，Word 使用特殊标记记录所做的修改，以便其他用户或者原作者知道文档所做的修改，并可以根据实际情况决定是否接受这些修订。

1. 更改字体格式

单击【审阅】选项卡，在【修订】组中单击【修订】按钮，在弹出的下拉列表中选择【修订】选项，此时【修订】组中的【修订】按钮呈高亮显示，文档进入修订状态。选中要设置的文字，修改字体格式，在选中文字的左侧出现一条灰色的竖线，在更改的文字上出现一条红色虚线，并引出修订框，显示字体格式更改的详细信息。

2. 更改段落格式

选中要更改段落格式的段落，单击【开始】选项卡，在【段落】组中单击右下角的【对话框启动器】按钮，弹出【段落】对话框，在【行距】下拉列表中选择【单倍行距】选项，单击【确定】按钮。此时在选中的段落的左侧出现一条灰色的竖线，在更改的段落上出现一条红色虚线，并引出修订框，显示出段落格式更改的详细信息。

3. 添加内容

在文档修订状态下，可以添加内容。直接将光标定位在要添加内容的位置，输入内容，此时内容呈红色显示，带有下划线，同时在段落的左侧出现一条竖线。

4. 删除内容

选中要删除的文本或段落，按【Del】键，删除选中的文本或段落，左侧出现一条竖线，在删除段落或文本的位置出现一条红色虚线，向左侧引出一个修订框，显示修订的详细信息。

5. 查看审阅窗格

在 Word 2013 中，借助审阅窗格功能能够很方便地查看和定位批注。

具体操作方法为：单击【审阅】选项卡，在【修订】组中单击【审阅窗格】按钮，在弹出的下拉列表中选择【垂直审阅窗格】选项，文档的左侧弹出一个审阅窗格，并显示出文档中的所有修订。在审阅窗格中单击任意一条修订记录,快速切换到该修订所在的修订框。

6. 隐藏和显示修订

Word 2013 对文档中的修订提供了【简单标记】功能,可以将其隐藏为一条竖线,通过单击竖线实现修订框的隐藏和显示。

具体操作方法为:单击任意一个修订左侧的灰色竖线,此时竖线变成红色,文档中的所有修订会变成隐藏状态。如果要显示隐藏的修订,单击红色竖线即可显示文档中的所有修订。修订完成后,单击【审阅】选项卡,在【修订】组中单击【修订】按钮,取消高亮显示,退出修订状态。

(四) 更改文档

Word 文档通过修订功能非常清晰地显示了修改记录,单击【审阅】选项卡,可以在【更改】组中通过接收或拒绝修订的方法,去除该修改痕迹。

1. 接受修订

(1) 接受该条的修订意见并挪至下一条,选中任意一个修订,单击【审阅】选项卡,在【更改】组中单击【接收】按钮,在弹出的下拉列表中选择【接受并移到下一条】选项即可接受该条修改意见,系统会用修改后的内容替换原内容,并将光标跳至下一处有修改的地方。

(2) 接受该条的修订意见,单击【审阅】选项卡,在【更改】组中单击【接受】按钮,在弹出的下拉列表中选择【接受此修订】选项即可接受该条修改意见,系统会用修改后的内容替换原内容。

(3) 接受所有的修改意见,选中任意一个修订,单击【审阅】选项卡,在【更改】组中单击【接受】按钮,在弹出的下拉列表中选择【接受所有修订】选项,即可接受所有的修改意见,系统会用修改后的内容替换原内容。

2. 拒绝修订

(1) 拒绝此条更改,选中任意一个修订,单击【审阅】选项卡,在【更改】组中单击【拒绝】按钮,在弹出的下拉列表中选择【拒绝更改】选项,Word 就会拒绝此条更改,之前应用该条修订的文本或段落会恢复到修改前的状态。

(2) 拒绝所有修订,选中任意一个修订,单击【审阅】选项卡,在【更改】组中单击【拒绝】按钮,在弹出的下拉列表中选择【拒绝所有修订】选项。

(五) 检查文档

Word 文档不但具有文字编辑功能,还具有【校对】功能。使用【校对】功能可以检查拼写和语法,又可以快速统计文档字数、行数、页数等信息。

1. 检查文档拼写错误

Word 文档具有"拼音和语法"检测功能,输入内容后进行自动检查,如果拼音或语法有误,则会在有误的单词或短语下方标记红色、蓝色或绿色的波浪线。一般拼写错误用红色波浪线提示,语法错误用绿色波浪线提示。

具体操作方法为:单击【审阅】选项卡,在【校对】组中单击【拼写和语法】按钮,在文档的右侧弹出【语法】窗格,并自动定位到第一个有语法问题的文档位置。如果有错误,将直接进行更正;如果无错误,单击【忽略】按钮,自动定位到文档下一个有语法问题的位置,依次进行更正。语法问题更正完毕,弹出"Microsoft Word"对话框,提示用户拼音和语法检查完成,单击【确定】按钮。

2. 统计文档字数。

Word 2013 具有统计字数的功能,使用该功能可以方便地获取整个文档或部分文档的字数统计信息。

具体操作方法为:单击【审阅】选项卡,在【校对】组中单击【字数统计】按钮。弹出【字数统计】对话框,显示整篇文档的字数、行数、页数等详细信息。选中文本中的部分内容,单击【审阅】选项卡,在【校对】组中单击【字数统计】按钮,弹出【字数统计】对话框,显示选中文档的字数、行数、页数等详细信息。

除了在【审阅】选项卡中进行字数统计外,还可以在 Word 文档的状态栏的左下角查看当前页数、总页数、字数等信息,单击该部分可打开【字数统计】对话框,显示整篇文档的字数、行数、页数等信息。

(六) 比较文档

如果一个文档有两个版本,用户可以使用 Word 对这两个版本的文档进行比较和合并。Word 会用修订标记来识别合并后的文档文本,或者标识两个文档的差别。

1. 两个文档的比较

如果审阅者直接修改了文档,而没有让 Word 加上修订标记,可以用原来的文档与修改后的文档进行比较,以查看哪些地方进行了修改。

具体操作方法为:打开 2 个要比较的文档,单击【审阅】选项卡,在【比较】组中单击【比较】按钮,在弹出的下拉列表中选择【比较】选项,弹出【比较文档】对话框,在【原文档】下拉列表中选择原文档,在【修订的文档】下拉列表中选择修订后的文档,单击【更多】按钮。在【比较文档】对话框的下方显示【比较设置】和【显示修订】选项,根据需要进行勾选,然后单击【确定】按钮。此时,系统会自动对 2 个文档进行对比,对比完成后,会在一个新的窗口给出详细的对比结果,显示【修订】【比较的文档】【原文档】和【修订的文档】四部分。

2. 组合文档中的修订

Word 2013 提供了文档合并功能，可以将多位作者的修订组合到一个文件中。

具体操作方法为：打开 2 个要比较的文档，单击【审阅】选项卡，在【比较】组中单击【比较】按钮，在弹出的下拉列表中选择【合并】选项。弹出【合并文档】对话框，在【原文档】下拉列表中选择原文档，在【修订的文档】下拉列表中选择修订后的文档，单击【更多】按钮。此时在【合并文档】对话框的下方显示【比较设置】和【显示修订】选项，根据需要进行勾选，单击【确定】按钮。此时，系统会自动对 2 个文档进行合并，合并完成后，就会在一个新的窗口给出详细的对比结果，显示【修订】【合并的文档】【原文档】和【修订的文档】四部分。

（七）综合案例：审阅公司生产经营计划

公司企划部门会定期制作一些活动策划方案，公司管理人员可以使用 Word 文档中【审阅】选项卡中的批注功能及打印预览功能轻松地批阅公司文件，并浏览打印效果。

1. 批注生产经营计划

打开"公司生产经营计划.docx"文档，选中要添加批注的文本或段落，单击【审阅】选项卡，在【批注】组中单击【新建批注】按钮，此时选中的文本或段落呈蓝色显示，并在文档的左侧用一条蓝色直线引出批注框，显示批注者的信息，然后在批注框中输入"本年度的财务预算将在几月份提交？"，如图 3-17 所示。

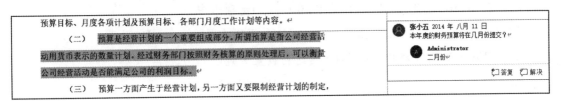

图 3-17　批注效果

2. 预览生产经营计划

使用 Word 文档的打印功能可以预览生产经营计划的打印效果。进入【文件】界面，单击【打印】命令，在右侧的打印预览区域可查看预览效果，在预览区域的左下角单击【下一页】按钮显示下一页的预览效果。

知识点 33——
Word 2013 综
合案例练习

习　题　三

一、选择题

1. 如果用户想保存一个正在编辑的文档，但以不同文件名进行存储，可用（　　　）

命令。

  A. 保存   B. 另存为   C. 比较   D. 限制编辑

2. 在 Word 2013 文档中,复制字符格式而不复制字符,需要用( )按钮。

  A. 格式选定 B. 格式刷   C. 格式   D. 复制

3. 在 Word 2013 文档中,默认保存的文档格式扩展名为( )。

  A. *.docx   B. *.dot   C. *.html   D. *.txt

4. 给每位应聘者发送一份《面试通知书》,用 Word 2013 文档中( )功能制作文档最简便。

  A. 复制   B. 信封   C. 标签   D. 邮件合并

5. 在 Word 2013 中,如果输入的内容下面出现红色波浪线,表示( )。

  A. 拼写和语法错误   B. 句法错误

  C. 系统错误   D. 其他错误

6. 在 Word 2013 文档中,选中一个词的技巧方法是( )。

  A. 将鼠标箭头置于目标处后,单击

  B. 将插入点置于目标词语的左端后,双击

  C. 将鼠标指针置于文本左端出现选定光标,击三下

  D. 点击【粘贴】按钮

7. 设置 Word 2013 文档"分栏"效果,在( )选项卡中。

  A. 插入   B. 审阅   C. 页面布局   D. 引用

8. 在 Word 2013 文档中,使用回车键进行设置的是( )。

  A. 段落标志   B. 页面标志

  C. 节的结束标志   D. 行的结束标志

9. 在 Word 2013 中,若要删除一段文字使之移入剪贴板中,可先选定文字,然后按( )组合键。

  A.【Ctrl+V】   B.【Ctrl+X】

  C.【Ctrl+C】   D.【Del】

10. 要在 Word 2013 文档某两段之间留出半行的间隔,方法是( )。

  A. 在两段之间按【Enter】键插入空行

  B. 利用"段落"对话框设置段前或段后间距

  C. 利用"段落"对话框设置行间距

  D. 利用"字体"对话框设置字符间距

二、判断题

1. 在 Word 2013 中,在打开的最近所用文档中,可以把常用文档进行固定而不被后续文档替换。　　　　　　　　　　　　　　　　　　　　　（　　）

2. 在 Word 2013 中,可以插入表格,并对表格进行合并和拆分单元格等操作。（　　）

3. 在 Word 2013 中,可以在状态栏右下角进行快速设置文档视图。　　（　　）

4. 在 Word 2013 中,"快速访问工具栏"中其他工具的添加,可以通过【文件】【选项】【快速访问工具栏】进行设置。　　　　　　　　　　　　　　　（　　）

5. 在 Word 2013 中,可以插入"页眉和页脚",但不能插入"日期和时间"。　（　　）

第四章

Excel 2013

Excel 2013 是微软公司推出的 Office 2013 办公系列软件的一个重要组件,主要用于电子表格的处理,工作界面简洁,可以高效地完成各种表格的设计,进行复杂的数据计算和分析,大大提高了数据处理的效率。

一、Excel 2013 基础入门

(一) Excel 2013 的启动与退出

1. 启动 Excel 2013

启动 Excel 2013 程序的常用方法主要有以下几种:

知识点 34——
Excel 2013
基础入门

(1) 在【所有程序】列表中启动。在任务栏中,单击【开始】按钮,在【所有程序】列表中选择【Microsoft Office 2013 | Excel 2013】选项。进入 Excel 模板界面,选择一种表格模板,如选择【空白工作簿】选项,即可创建一个空白文档。

(2) 双击桌面图标启动。在任务栏中,单击【开始】按钮,在【所有程序】列表中右键单击【Microsoft Office 2013 | Excel 2013】选项,在弹出的快捷菜单中选择【发送到 | 桌面快捷方式】选项,在桌面上创建 Excel 2013 程序的快捷图标,双击快捷图标即可打开 Excel 2013 程序。

(3) 右键启动 Excel 程序。在桌面上单击鼠标右键,在弹出的快捷菜单中选择【新建 | Microsoft Excel 工作表】命令,可在桌面上创建一个名为【新建 Microsoft Excel 工作表.xlsx】的文件,在桌面上双击"新建 Microsoft Excel 工作表.xlsx"文件,启动 Excel 程序并打开空白工作簿。

2. 退出 Excel 2013

电子表格编辑完成并妥善保存后,可以退出 Excel 2013。退出 Excel 2013 程序的方法

有以下几种：

（1）单击【关闭】按钮。单击【关闭】按钮关闭工作簿是关闭 Excel 程序的最常用方法，直接在工作簿窗口中单击【关闭】按钮即可。

（2）快捷菜单。在标题栏空白处单击鼠标右键，从弹出的快捷菜单中选择【关闭】命令，关闭 Excel 程序。

（3）使用"Excel"图标。在快速访问工具栏的左上角单击【Excel】图标，从弹出的下拉列表中选择【关闭】命令，关闭 Excel 程序。

（4）使用【文件】选项卡。单击【文件】按钮，然后从弹出的下拉菜单中选择【关闭】菜单项，即可关闭 Excel 程序。

（二）工作簿的基本操作

工作簿是 Excel 工作区中一个或多个工作表的集合。Excel 2013 对工作簿的基本操作包括新建、保存、打开、关闭、保护等。

1. 新建工作簿

启动 Excel 2013 程序进入 Excel 模板界面，新建一个空白工作簿，或创建一个基于模板的工作簿，还可以在已有的 Excel 文件中创建工作簿。

具体操作方法为：打开本案例的原始文件"差旅费统计表.xlsx"，单击【文件】按钮，单击【新建】选项卡，进入 Excel 模板界面，选择一种模板。例如：单击【空白工作簿】模板，新建一个名为"工作簿 1"的空白工作簿。

2. 保存工作簿

创建或编辑工作簿后，用户可以保存工作簿，以供日后查阅。保存工作簿可以分为保存新建的工作簿、保存已有的工作簿和自动保存工作簿 3 种情况。

（1）保存新建的工作簿。在新建的空白工作簿中，单击【保存】按钮，进入保存界面，单击【计算机】选项，单击【浏览】按钮，弹出【另存为】对话框，在左侧的【保存位置】列表框中选择保存位置，在【文件名】文本框中输入文件名"统计表.xlsx"，单击【保存】按钮，将新建工作簿保存在指定位置。

（2）保存已有的工作簿。直接单击【保存】按钮即可。

（3）修改自动保存时间。Excel 具有自动保存功能，默认情况下，每隔 10 分钟自动保存一次，可以在断电或死机的情况下最大限度地减少损失。

具体操作方法为：单击【文件】按钮，单击【选项】选项卡，弹出【Excel 选项】对话框，单击【保存】选项卡，在【保存工作簿】组中将【保存自动恢复信息时间间隔】复选框右侧的微调框中的数值改为"15"，单击【确定】按钮。

3. 保护工作簿

在日常办公中,为了保护公司机密,用户可以对相关的工作簿设置密码保护。

具体操作方法为:单击【审阅】选项卡,在【更改】组中单击【保护工作簿】按钮,弹出【保护结构和窗口】对话框,勾选【结构】复选框,在【密码】文本框中输入密码"123",单击【确定】按钮,弹出【确认密码】对话框,在【重新输入密码】文本框中输入密码"123",单击【确定】按钮。此时就为工作簿设置了保护,不输入密码就不能对其中的工作表进行移动、删除或添加操作。

如要取消工作簿的保护,单击【审阅】选项卡,在【更改】组中单击【保护工作簿】按钮,弹出【撤消工作簿保护】对话框,在【密码】文本框中输入设置的密码"123",单击【确定】按钮。

(三) 工作表的基本操作

工作表是 Excel 的基本单位,用户可以对工作表进行插入或删除、隐藏或显示、移动或复制、重命名、设置工作表标签颜色及保护工作表等基本操作。

1. 插入和删除工作表

与之前的版本不同,Excel 2013 默认只创建一个工作表,即"Sheet1",用户可以根据需要插入或删除工作表。

(1) 插入工作表。打开 Excel 电子表格,选中工作表标签"Sheet1",单击鼠标右键,从弹出的快捷菜单中选择【插入】命令,弹出【插入】对话框,单击【常用】选项卡,选择【工作表】选项,单击【确定】按钮,在工作表"Sheet1"的左侧插入一个工作表"Sheet2"。

(2) 删除工作表。选中要删除的工作表标签,单击鼠标右键,在弹出的快捷菜单中选择【删除】命令。

2. 隐藏和显示工作表

为防止别人查看工作表中的数据,用户可以隐藏工作表,当需要时再将其显示出来。选中工作表标签"Sheet2",单击鼠标右键,从弹出的快捷菜单中选择【隐藏】命令,此时工作表"Sheet2"就被隐藏了。

如要显示隐藏的工作表,在工作簿中选中任意一个工作表,单击鼠标右键,从弹出的快捷菜单中选择【取消隐藏】命令,弹出【取消隐藏】对话框,在【取消隐藏工作表】列表中选中"Sheet2",单击【确定】按钮,工作表"Sheet2"重新显示。

3. 移动或复制工作表

移动或复制工作表是日常办公中的常用操作。用户既可以在同一工作簿中移动或复制工作表,也可以在不同的工作簿中移动或复制工作表。

(1) 同一工作簿。选中工作表标签"Sheet1",单击鼠标右键,从弹出的快捷菜单中选择【移动或复制】命令,弹出【移动或复制工作表】对话框,在【下列选定工作表之前】列表框中选择【移至最后】选项,勾选【建立副本】复选框,单击【确定】按钮,工作表"Sheet1"就被复制到了最后,并创建了副本"Sheet1(2)"。

(2) 不同工作簿。选中第一个工作簿中的工作表标签"Sheet1",单击鼠标右键,从弹出的快捷菜单中选择【移动或复制】命令,弹出【移动或复制工作表】对话框,在【工作簿】下拉列表中选择已经打开的第二个活动的工作簿,在【下列选定工作表之前】列表框中选择【移至最后】选项,选中【建立副本】复选框,单击【确定】按钮,在第一个工作簿中的工作表"Sheet1"的最后创建了副本"Sheet1(2)"。

4. 重命名工作表

选中工作表标签"Sheet1",单击鼠标右键,从弹出的快捷菜单中选择【重命名】命令。此时工作表标签处于可编辑状态,将工作表名修改为"各部门销售业绩"。

5. 设置工作表标签颜色

选中要添加颜色的工作表,单击鼠标右键,从弹出的快捷菜单中选择【工作表标签颜色|红色】选项,将工作表标签的颜色设置为红色。

6. 保护工作表

为了防止他人随意更改工作表,用户也可以对工作表设置密码保护。具体操作方法为:单击【审阅】选项卡,在【更改】组中单击【保护工作表】按钮,弹出【保护工作表】对话框,选中【保护工作表及锁定的单元格内容】复选框,在【密码】文本框中输入密码"123",单击【确定】按钮,弹出【确认密码】对话框,在【重新输入密码】文本框中输入密码"123",单击【确定】按钮即可为工作表设置密码保护。如要修改某个单元格中的内容,则会弹出【Microsoft Excel】对话框,直接单击【确定】按钮。

如要取消对工作表的保护,单击【审阅】选项卡,在【更改】组中单击【撤消工作表保护】按钮,弹出【撤消工作表保护】对话框,在【密码】文本框中输入密码"123",单击【确定】按钮撤消工作表保护。

(四) Excel 2013 新增功能介绍

1. 全新的启动菜单

Excel 2013 为用户提供了多种行业、多个领域的专业模板,包括预算、商务、日历、费用、表单和报告等,如图 4-1 所示。

2. 强大的"快速分析"工具

新增的快速分析功能,能够快速、直观地将数据以视觉化的方式呈现,让用户可以简便地将数据转换为图表、迷你图表或表格。

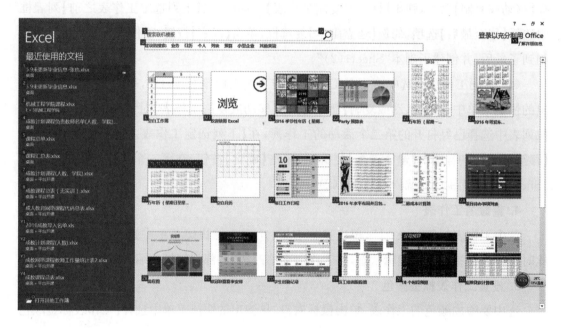

图 4-1 【Excel 2013】窗口

3. 高效的"快速填充"助手

"快速填充"能够像数据助手一样帮助用户完成工作。当检测到用户需要进行的工作时,"快速填充"助手会根据从用户输入的数据识别相应的模式,一次性输入剩余数据。

4. 全新的图表与透视表的推荐功能

通过【图表推荐】,Excel 可针对用户当前的数据推荐最合适的图表,用户通过快速预览可以查看数据在不同图表中的显示方式,然后选择合适的图表。

5. 简洁的图表功能区与全新设计

更加简洁的【图表工具】栏,包含【设计】和【格式】选项卡,当选中图表时,用户可以更加轻松地找到所需的功能。在【插入】选项卡中,除了新增【推荐的图表】按钮外,还将散点图和气泡图等相关类型图表都合并到一个按钮中。此外,Excel 2013 还新增了一个用于组合图表的全新按钮,当单击【组合图】按钮时,用户会看到更加简洁的"组合图"列表。

6. 更加丰富的数据标签

Excel 2013 图表中,可以使用格式和其他任意多边形文本来强调标签,并显示任意形状,及时切换为另一类型的图表,还可以在所有图表上使用引线将数据标签连接到其数据点。

7. 轻松共享文件的云传输

Excel 让用户可以更加轻松地将工作簿保存到自己的联机位置，如免费 SkyDrive 服务。用户还可以更加轻松地与他人共享自己的工作表，无论使用何种设备或身处何处，每个人都可以通过传输获得最新版本的工作表，甚至可以实时协作。

（五）综合案例：创建"员工管理工作簿和工作表"

1. 创建"员工管理"工作簿

在桌面或计算机磁盘中单击鼠标右键，在弹出的快捷菜单中选择【新建｜Microsoft Excel 工作表】命令，创建一个名为"新建 Microsoft Excel 工作表.xlsx"的工作簿，选中工作簿图标，单击鼠标右键，在弹出的快捷菜单中选择【重命名】命令，即可重命名工作簿。例如：将工作簿重命名为"员工管理.xlsx"，双击工作簿图标"员工管理.xlsx"打开工作簿。

2. 创建"员工管理"工作表

在工作簿"员工管理.xlsx"中，选中工作表标签"Sheet1"，单击鼠标右键，在弹出的快捷菜单中选择【重命名】命令，此时工作表标签处于可编辑状态，将其重命名为"员工信息表"，单击工作表标签右侧的【加号】按钮，新建一个名为"Sheet1"的工作表。使用同样的方法，将新建的空白工作表命名为"考勤表"如图 4-2 所示。

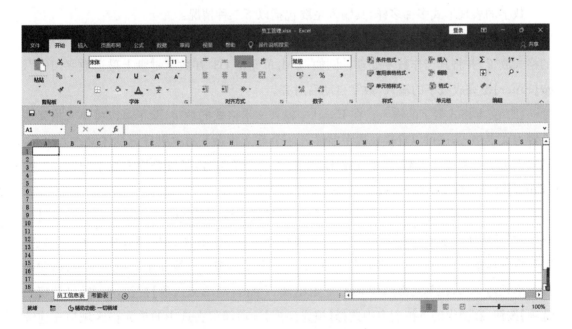

图 4-2　员工管理工作簿和工作表

二、Excel 2013 数据的输入与编辑

知识点 35——
Excel 2013 数据
的输入与编辑 1

启动 Excel 2013 程序后,就可以录入和编辑数据了。本知识点主要从不同类型数据的输入方法、数据输入的实用技巧、数据输入的验证规则、快速填充数据、编辑数据的常用操作,以及查找与替换数据的方法等方面,介绍数据的输入与编辑功能。

(一)输入数据

数据输入是 Excel 中最基本的操作,针对不同规律的数据,采用不同的输入方法,不仅能减少数据输入的工作量,还能保证数据输入的正确性。

1. 文本的输入

文本型数据是最常见的数据类型,其输入方法最简单,通过直接单击单元格输入文本。具体操作方法为:打开 Excel 工作簿,选择合适的输入法,单击单元格 D2,在键盘上敲击拼音字母"danjia",按数字键选择正确的词组输入文本。例如,按【1】键,即可输入文本"单价",文本自动左对齐。

2. 数字的输入

数字的表现形式多种多样,其输入主要包括以下三种情况:

(1)普通数字的输入。一般情况下,在 Excel 单元格中输入的数字,默认以"右对齐"的格式放置,并将其当作数字处理。例如,单击单元格 D3,在数字键盘上敲击数字"195",按【Enter】键完成数字的输入,数字自动右对齐。

(2)文本格式数字的输入。在 Excel 中输入文本格式的数字,除了可以将单元格属性设置为文本格式,还可以直接在数字前输入一个英文状态下的单引号。具体操作方法为:将输入法切换到英文状态,在单元格 B3 中输入一个单引号,紧接着输入数字"12345",按【Enter】键完成数字的输入,数字文本自动左对齐。

(3)序号的输入。日常工作中经常使用序号或连续编号,如"1,2,3"等,可以使用【填充序列】功能实现序号或编号的输入。具体操作方法为:在单元格 A3 中输入一个数字"1",将鼠标指针移动到单元格的右下角,出现一个十字按钮。按住十字按钮不放,横向拖拽到单元格 A10,在单元格 A10 的右下角出现一个【自动填充选项】按钮,单击【自动填充选项】按钮,在弹出的下拉列表中选择【填充序列】选项即可在选中的单元格区域填充连续编号"1,2,3,4,5,6,7,8"。

执行【序列填充】命令时,默认填充步长是"1",如果要设置具体的填充选项,单击【开

始】选项卡,在【编辑】组中单击【填充】按钮,在弹出的下拉列表中选择【序列】命令,在弹出的【序列】对话框中设置填充选项。

3. 日期和时间的输入

(1) 日期的输入。在 Excel 中,通常以 yy-mm-dd 形式或 mm-dd 形式输入日期,也可以使用"/"作为连接符,即 yy/mm/dd 或 mm/dd 形式。无论采用哪种形式,默认以 yy/mm/dd 或 mm/dd 形式显示日期。可以通过设置单元格格式更改日期的显示方式。

具体操作方法为:单击单元格 C1,输入日期"2022-9-1",按【Enter】键完成日期的输入,日期显示为"2022/9/1",选中单元格 C1,单击【开始】选项卡,在【数字】组中单击右下角的【对话框启动器】按钮,弹出【设置单元格格式】对话框,单击【数字】选项卡,在【分类】列表框中选择【日期】选项,在【类型】列表框中选择"2013 年 3 月 14 日"选项,单击【确定】按钮,返回工作表中,日期的显示方式变成了"2022 年 9 月 1 日"。

(2) 时间的输入。在 Excel 中输入时间时,可以按 24 小时制输入,也可以按 12 小时制输入,这两种输入的表示方法是不同的。

具体操作方法为:单击单元格 D1,输入时间"9:09:09 p",按【Enter】键完成时间的输入,时间显示为"21:09:09",选中单元格 D1,单击【开始】选项卡,在【数字】组中单击右下角的【对话框启动器】按钮,弹出【设置单元格格式】对话框,单击【数字】选项卡,在【分类】列表框中选择【时间】选项,在【类型】列表框中选择"1:30:55 PM"选项,单击【确定】按钮。

如果快速输入当前日期,只需在选中的单元格中按快捷键【Ctrl＋;】,分号必须是半角英文状态;如果输入当前时间,只需在选中的单元格中按快捷键【Ctrl＋Shift＋:】,冒号也是半角英文状态;如果输入当前日期和时间,选取一个单元格,按快捷键【Ctrl＋;】,然后按空格键,最后按【Ctrl＋Shift＋:】组合键。

4. 特殊字符的插入

具体操作方法为:单击单元格 C3,输入文本"牛仔裤",单击【插入】选项卡,在【符号】组中单击【符号】按钮,弹出【符号】对话框,单击【特殊字符】选项卡,在【字符】列表框中选择【® 注册】选项,单击【插入】按钮,单击【关闭】按钮,返回工作表,此时特殊字符"®"就插入到单元格 C3 中。

(二) 数据输入实用技巧

在 Excel 中输入数据时,掌握一定的输入技巧不但能够保证数据的正确性,还可以大大提高工作效率。

1. 记忆式键入

默认情况下,Excel 自动开启【为单元格值启动记忆式键入】功能,将输入过的数据记录下来,当下方单元格中再次输入相同的数据时,只需输入第一个汉字或第一个字符,即可自动弹出之前输入的数据。

具体操作方法为:打开 Excel 工作簿,在单元格 A1 中输入词组"数据录入",在其下方的单元格 A2 中输入文字"数",此时单元格 A2 中就会显示之前输入的词组"数据录入",按【Enter】键即可输入该词组。

如果要取消【记忆式键入】功能,单击【文件】按钮,选择【选项】命令,在弹出的【Excel 选项】对话框中单击【高级】选项卡,在【编辑选项】组中撤消勾选【为单元格值启动记忆式键入】复选框。

2. 从下拉列表中选择

Excel 中的单元格具有【序列】功能,可以通过设置数据来源把常用数据选项组成下拉列表,在下拉列表中选择数据记录以完成输入。

具体操作方法为:选中单元格 A1,单击【数据】选项卡,在【数据工具】组中单击【数据验证】按钮,在弹出的下拉列表中选择【数据验证】选项,弹出【数据验证】对话框,单击【设置】选项卡,在【允许】下拉列表中选择【序列】选项,在下方的【来源】文本框中输入文本"车间一,车间二,车间三",单击【确定】按钮,此时单元格 A1 的右侧出现一个下三角按钮,单击下三角按钮,在弹出的下拉列表中选择要输入的数据。例如,选择【车间二】选项,此时即可输入文本"车间二"。

3. 在多个单元格中输入相同数据

在多个单元格中输入相同数据主要分为两种情况:一是连续单元格中输入相同数据;二是在不连续单元格中输入相同数据。

(1)在连续单元格中输入相同数据。在 Excel 中使用【填充柄】可以快速地在连续单元格中输入相同的数据,具体操作方法为:在单元格 A1 中输入文本"电子表格",将鼠标指针移动到单元格的右下角,此时鼠标指针变成十字形状的填充柄,按住填充柄不放,向下拖动鼠标至需要填充的单元格,释放鼠标将相同数据填充到选中的单元格区域中。

(2)在不连续的单元格中输入相同数据。在工作表中使用【Ctrl+Enter】组合键可以快速地在不连续的多个单元格中输入相同数据。具体操作方法为:按住【Ctrl】键不放,同时选中多个不连续的单元格,在【编辑栏】中输入文字"文本"后,按【Enter】组合键,即可同时在选中的不连续单元格中输入相同的文本。

4. 使用自动更正功能

在编辑电子表格时,经常用到一些产品名称、公司全名、地址、邮箱、联系电话等数据,这些数据较长,输入比较麻烦。使用 Excel 的【自动更正】功能可以将这些长文本替换为简短的字符或代码,只需在单元格中输入替换的字符或代码,即可快速实现长文本的录入。

具体操作方法为:在 Excel 电子表格窗口中单击【文件】按钮,进入【文件】界面,选择【选项】命令,弹出【Excel 选项】对话框,单击【校对】选项卡,在【自动更正】选项组中单击【自动更正】按钮,弹出【自动更正】对话框,在【替换】文本框中输入"gs",在【为】文本框中输入"北京某某开发有限公司",单击【添加】按钮,将这一设置保存到下方的列表中,单击【确定】按钮返回工作表,在任意单元格中输入"gs",按【Enter】键,即可实现长文本"北京某某开发有限公司"的输入。

5. 输入以"0"开头的编号

在 Excel 表格中输入以"0"开头的数字,例如,输入"001",系统会自动显示为"1"。可以通过设置单元格格式,自定义数字类型,解决这个问题。

具体操作方法为:选中已输入编号的单元格区域 A1:A10,单击鼠标右键,在弹出的快捷菜单中选择【设置单元格格式】命令,弹出【设置单元格格式】对话框,单击【数字】选项卡,在【分类】列表框中选择【自定义】选项,在【类型】文本框中输入"000",单击【确定】按钮,在单元格 A1 中输入"001",按【Enter】键即可看到单元格 A1 中显示数字"001"。

6. 以"万元"为单位来显示金额

在使用 Excel 记录金额的时候,如果金额较大,使用"万元"等单位显示金额会更直观明了,可以通过设置单元格格式,自定义数字类型,实现以"万元"为单位显示金额。

具体操作方法为:选中单元格区域 A3:E7,单击【开始】选项卡,在【数字】组中单击右下角的【对话框启动器】按钮,弹出【设置单元格格式】对话框,单击【数字】选项卡,在【分类】列表框中选择【自定义】选项,在【类型】文本框中输入"0.00,万元"或"0!.00,万元",单击【确定】按钮返回工作表,此时选中区域的金额就以"万元"为单位显示。

7. 把"0"值显示成短横线

在编辑电子表格时,经常会出现"0"值,使用千位分隔符按钮",",可以一键将"0"值显示成短横线。

具体操作方法为:选中单元格区域 A3:E7,单击【开始】选项卡,在【数字】组单击【千位分隔样式】按钮,此时选中区域中的逗号就变成了短横线"-"。

(三) 设置"费用明细表"的输入验证规则

在编辑电子表格时,经常遇到一些特殊的数值,如比例、分数等,可以为单元格设置数值验证条件和提示信息、出错警告等,以检验数值输入的有效性,还可以根据需要圈释单元格中的无效内容。费用明细表,如图 4-3 所示。

	A	B	C	D	E	F	G	H
1	序号	姓名	部门	项目	实用金额	报销系数	报销金额	
2	1	陈琳	办公室	检验费	900	0.7	630	
3	2	李弦	财务科	药费	800	0.7	560	
4	3	王西	销售部	药费	2100	0.7	1470	
5	4	赵韵	财务科	药费	1200	0.8	960	
6	5	周海	办公室	药费	1100	0.6	660	
7	6	陈毫安	销售部	检验费	560	0.8	448	
8	7	牛大力	销售部	药费	410	0.6	246	
9	8	张伍华	办公室	X光费	2200	0.6	1320	
10	9	诸葛文	销售部	检验费	200	0.7	140	
11	10	孙晓晓	办公室	X光费	600	0.95	570	

图 4-3　费用明细表

1. 设置验证条件

具体操作方法为：打开"费用明细表"，选中单元格区域 F2：F11，单击【数据】选项卡，在【数据工具】组中单击【数据验证】按钮，在弹出的下拉列表中选择【数据验证】选项，弹出【数据验证】对话框，在【允许】下拉列表中选择【小数】选项，将验证条件设置为"介于 0 和 1 之间"，单击【确定】按钮。

2. 设置提示信息

具体操作方法为：打开【数据验证】对话框，单击【输入信息】选项卡，在【标题】文本框中输入【报销比例】，在【输入信息】文本框中输入文字"请正确填写报销比例"，单击【确定】按钮返回工作表，此时单击选中区域中的任意单元格都会弹出提示框。

3. 设置出错警告

具体操作方法为：打开【数据验证】对话框，单击【出错警告】选项卡，在【样式】下拉列表中选择【警告】选项，在【标题】文本框中输入文字"输入有误"，在【错误信息】文本框中输入文字"报销比例应在 0 到 1 之间"，单击【确定】按钮返回工作表。在单元格 F3 中输入"2"，弹出【输入有误】对话框，提示用户"报销比例应在 0 到 1 之间，是否继续"，直接单击【是】按钮，输入符合验证规则的数据。

4. 圈释无效内容

数据输入完毕后，为了保证数据的准确性，快速找到表格中的无效数据，可以通过Excel 中的圈释无效数据功能，实现数据的快速检测和修改。

具体操作方法为：单击【数据】选项卡，在【数据工具】组中单击【数据验证】按钮，在弹出的下拉列表中选择【圈释无效数据】选项，无效数据就被红色的椭圆醒目地圈释出来了，可在圈释的无效单元格中直接更改无效数据。此外，可以在【数据工具】组中单击【数据验证】按钮,在弹出的下拉列表中选择【清除验证标示圈】选项,删除验证标示圈。

在 Excel 中录入数据时,常常需要保证某些数据的唯一性,即数据不能重复,如公司代码、商品编号、公司员工编号及身份证号码等,在录入资料时,可以设置数据的验证规则来确保这些数据的唯一性。例如,设置整数、小数、序列、日期、文本长度等方面的验证规则,这样既保证了数据的正确性,同时也提高了数据的录入效率。

(四) 快速填充数据

在 Excel 表格中编辑数据时,经常会遇到一些在结构上有规律的数据,如编号、日期、星期几等。使用填充功能,通过"填充柄"或"填充序列对话框"可以快速实现这些有规律数据的输入。填充数据表,如图 4-4 所示。

知识点 36——
Excel 2013 数据
的输入与编辑 2

	A	B	C	D	E	F	G
1	序号	日期	品名	数量	金额		
2			BDE-2577				
3			BDF-1445				
4			CIO-412				
5			CIO-575				
6			BBS-8821				
7			REW-7586				
8			DFR-9984				

图 4-4　填充数据表

1. 通过对话框填充数据

数据的填充方式分为 4 种：等差序列、等比序列、日期和自动填充,使用【序列】对话框,设置填充方式、步长和终值,可快速填充数据。

具体操作方法为：打开"填充数据.xlsx"工作表,在单元格 A2 中输入"1"。单击【开始】选项卡,在【编辑】组中单击【填充】按钮,在弹出的下拉列表中选择【序列】选项,弹出【序列】对话框,在【序列产生在】组中选中【列】单选钮,在【类型】组中选中【等差序列】单选钮,在【步长值】文本框中输入"1",在【终止值】文本框中输入"5",单击【确定】按钮返回工作表,完成序号的填充。

2. 通过填充柄填充数据

将鼠标指针移动到选中单元格的右下角,出现十字形状的填充柄,按住填充柄向上、下、左、右四个方向拖曳,可以快速填充数据。

具体操作方法为：在单元格 B2 中输入"2022 年 1 月 1 日",将鼠标指针移动到单元格的右下角,此时鼠标指针变成十字形状的填充柄,按住鼠标左键不放,向下拖动至单元格 B8 释放鼠标,即可在选中单元格区域中按日步长为 1 的等差序列进行日期填充,结果如图 4-5 所示。

3. 通过右键菜单填充数据

具体操作方法为:在单元格 E2 中输入"200",将鼠标指针移动到单元格的右下角,此时鼠标指针变成十字形状的填充柄,按住鼠标右键不放,向下拖动到单元格 E8,释放鼠标右键,在弹出的快捷菜单中选择【序列】命令,弹出【序列】对话框,在【序列产生在】组中选中【列】单选钮,在【类型】组中选中【自动填充】单选钮,单击【确定】按钮返回工作表,即可为选中的单元格区域填充相同的数据,结果如图 4-5 所示。

4. 新增的"快速填充"功能

快速填充是 Excel 2013 新增的一项功能,可以实现日期拆分、字符串分列和合并等以前需要借助公式或"分列"功能才能实现的功能。

具体操作方法为:在单元格区域 C2:C8 中输入拼音加数字组成的品名。在单元格 D2 中输入单元格 C2 中含有的数字"2577",将鼠标指针移动到单元格 D2 的右下角,此时鼠标指针变成十字形状的填充柄,按住鼠标左键不放,向下拖动到单元格 D8,释放鼠标,即可在 D 列中根据 C 列中的"品名"填充相应的数字,结果如图 4-5 所示。

	A	B	C	D	E	F	G
1	序号	日期	品名	数量	金额		
2	1	2022年1月1日	BDE-2577	2577	200		
3	2	2022年1月2日	BDF-1445	1445	200		
4	3	2022年1月3日	CIO-412	412	200		
5	4	2022年1月4日	CIO-575	575	200		
6	5	2022年1月5日	BBS-8821	8821	200		
7		2022年1月6日	REW-7586	7586	200		
8		2022年1月7日	DFR-9984	9984	200		
9							
10							

图 4-5　填充数据操作结果

(五) 编辑数据

在 Excel 表格中编辑数据时,有修改单元格数据、移动/复制单元格数据、数据的选择性粘贴、清除单元格、撤消与恢复等编辑技巧。下面以生产数据统计表为例介绍如何编辑数据,生产数据统计表,如图 4-6 所示。

◢	A	B	C	D	E	F	G	H	I	J	K
1	订单号	产品名称	颜色	规格	制作数量	班组	工序	本工序完成日期	计划数量	实际产出	备注
2	H8R15-43	多层复合地板	黑色	19*220*2200	1293	木工	齐边头	2022/4/1	350	250	
3	FES001-06	多层复合地板	云中蓝	19*220*1860	661	压机	直板	2022/4/2	168.432	168.432	
4	H8R15-43	多层复合地板	绿色	19*220*2200	1293	备料	修补	2022/4/3	275	275	
5	H8R15-43	多层复合地板	云中红	19*220*2200	1293	备料	修补碰边	2022/4/4	10	10	
6	HAN038-04	凡尔赛	云中黑	800*800		油漆	下线	2022/4/5	130	130	
7											
8											

图 4-6　生产数据统计表

1. 修改单元格数据

（1）双击单元格修改。打开"生产数据统计表.xlsx"，选中单元格 B2，双击单元格 B2，单元格进入编辑状态，并显示光标。在单元格 B2 中拖动鼠标选中要修改的文本。例如，选中文本"多"，直接输入文本"单"，此时选中的文本"多"就被修改为"单"。

（2）在编辑栏中修改。选中单元格 D3，在编辑栏中选择要更改的数字或文本。例如，选择数字"1860"，直接输入数字"2200"，则选中的数字"1860"就被修改成了"2200"。

2. 移动或复制单元格数据

（1）复制单元格数据。选中单元格 B2，按【Ctrl＋C】组合键，单元格 B2 处于复制状态，选中单元格 B7，按【Ctrl＋V】组合键，即可完成单元格数据的粘贴。

（2）移动单元格数据。选中单元格 A4，将鼠标指针移动到单元格的边线上，当出现一个箭头时，按住鼠标左键不放，移动到单元格 A8，释放鼠标，即可将单元格 A4 中的数据移动到单元格 A8，同时单元格 A4 变为空单元格。

3. 数据的选择性粘贴

数据选择性粘贴一共包括 12 种粘贴方式，每种粘贴方式的名称及含义如表 4-1 所示。

表 4-1　数据选择性粘贴方式

粘贴方式	含　义
全部	包括内容和格式等，其效果等于直接粘贴
公式	只粘贴文本和公式，不粘贴字体、格式、边框、注释、内容校验等
数值	只粘贴文本，单元格的内容是计算公式则只粘贴计算结果
格式	仅粘贴原单元格格式，但不能粘贴单元格的有效性，粘贴格式包括字体、对齐、文字方向、边框、底纹等，不改变目标单元格的文字内容
批注	把原单元格的批注内容拷贝过来，不改变目标单元格的内容和格式
验证	将源单元格的数据有效性规则粘贴到目标区域，只粘贴有效性验证内容，其他的保持不变

粘贴方式	含义
所有使用原主题的单元	粘贴全部内容,但使用文件原主题中的格式。该选项仅在从不同工作簿中粘贴信息时相关联,工作簿使用不同于活动工作簿的文件主题
边框除外	粘贴除源区域中出现的边框以外的全部内容
列宽	将某个列宽或列的区域粘贴到另一个列或列的区域,使目标单元格和源单元格拥有同样的列宽,不改变内容和格式
公式和数字格式	仅从选中的单元格粘贴公式和所有数字格式选项
值和数字格式	仅从选中的单元格粘贴值和所有数字格式选项
所有合并条件格式	粘贴并合并所有条件格式

以粘贴【数值】为例进行选择性粘贴操作。选中单元格 B1,按【Ctrl＋C】组合键,单元格 B1 处于复制状态,选中单元格 B10,单击【开始】选项卡,在【粘贴】组中单击【粘贴】按钮,在弹出的下拉列表中选择【选择性粘贴】选项,弹出【选择性粘贴】对话框,在【粘贴】组中选中【数值】单选钮,在【运算】组中选中【无】选项,单击【确定】按钮,在单元格 B10 中只粘贴复制文本"产品名称"。

4. 清除单元格

Excel 具有【清除】功能,可以删除单元格中的所有内容,或者仅删除格式、内容、批注、超链接等。

具体操作方法:选中单元格 A1,单击【开始】选项卡,在【编辑】组中单击【清除】按钮,在弹出的下拉列表中选择【全部清除】选项,将单元格 A1 中的内容和格式全部清除。选中单元格 B1,单击【开始】选项卡,在【编辑】组中单击【清除】按钮,在弹出的下拉列表中选择【清除格式】选项,将单元格 B1 中的格式清除。选中单元格 B4,单击【开始】选项卡,在【编辑】组中单击【清除】按钮,在弹出的下拉列表中选择【清除内容】选项,将单元格 B4 中的内容清除。

5. 撤消与恢复

Excel 2013 提供了一步或多步的撤消与恢复操作,利用该操作能够撤消最近一次或多步的操作,从而恢复到在执行该项操作前的系统状态。

(1)一步撤消与恢复。选中单元格区域 A2：A8,单击【开始】选项卡,在【字体】组中单击【字体颜色】按钮,在弹出的下拉列表中选择【红色】选项,单击【快速访问工具栏】中的【撤消】按钮,即可撤消对字体颜色的操作。单击【快速访问工具栏】中的【恢复】按钮,即可恢复对字体颜色的操作。

（2）多步撤消与恢复。单击【快速访问工具栏】中的【撤消】按钮右侧的下三角按钮,选择向下撤消的步骤,如选择【撤消4步操作】即可撤消所选的4步操作,如果要恢复多步操作,单击【快速访问工具栏】中的【恢复】按钮右侧的下三角按钮,向下拖选恢复的步骤,如拖选"恢复4步操作"。

编辑完成后的生产数据统计表,如图4-7所示。

	A	B	C	D	E	F	G	H	I	J	K
1	订单号	产品名称	颜色	规格	制作数量	班组	工序	本工序完成日期	计划数量	实际产出	备注
2	H8R15-43	单层复合地板	黑色	19*220*2200	1293	木工	齐边头	2022/4/1	350	250	
3	FES001-06	多层复合地板	云中蓝	19*220*2200	661	压机	直板	2022/4/2	168.432	168.432	
4		多层复合地板	绿色	19*220*2200	1293	备料	修补	2022/4/3	275	275	
5	H8R15-43	多层复合地板	云中红	19*220*2200	1293	备料	修补碰边	2022/4/4	10	10	
6	HAN038-04	凡尔赛	云中黑	800*800		油漆	下线	2022/4/5	130	130	
7		单层复合地板									
8	H8R15-43										
9											
10		产品名称									
11											

图4-7　编辑完成后的生产数据统计表

（六）查找或替换数据

Excel具有"查找和替换"功能,不仅可以查找各种类型的数据,还可以将查找的内容替换为所需的数据,从而大大提高工作效率。下面以销售业绩统计表为例介绍如何使用该功能,销售业绩统计表,如图4-8所示。

1. 查找普通字符

具体操作方法为:打开"销售业绩统计.xlsx",单击【开始】选项卡,在【编辑】组中单击【查找和选择】按钮,在弹出的下拉列表中选择【查找】选项,弹出【查找和替换】对话框,单击【查找】选项卡,在【查找内容】文本框中输入"李四",单击【查找全部】按钮即可在【查找和替换】对话框的下方查找出所有单元格值为"李四"的单元格,查找完毕,单击【关闭】按钮。

2. 条件查找

具体操作方法为:单击【开始】选项卡,在【编辑】组中单击【查找和选择】按钮,在弹出的下拉列表中选择【查找】选项。弹出【查找和替换】对话框,单击【查找】选项卡,删除之前在【查找内容】文本框中输入的内容,单击【选项】按钮。在【查找内容】文本框的右侧单击【格式】按钮,选择【格式】选项。弹出【查找格式】对话框,单击【填充】选项卡,在【背景色】面板中选择【黄色】,单击【确定】按钮。返回【查找和替换】对话框,单击【查找全部】按钮。即可在【查找和替换】对话框的下方查找所有单元格填充为"黄色"的单元格。

	A	B	C	D	E	F	G	H	I	J	K	L
1	编号	姓名	部门	一月份	二月份	三月份	四月份	五月份	六月份	总销售额	排名	业绩比重
2	1	刘彤	销售（1）部	96500	86500	90500	94000	99500	70000	537000	1	2.69%
3	2	李四	销售（1）部	92000	64000	97000	93000	75000	93000	514000	2	2.58%
4	3	程小丽	销售（1）部	66500	92500	95500	98000	86500	71000	510000	3	2.56%
5	4	林月	销售（1）部		85500	77000	81000	95000	78000	416500	39	2.09%
6	5	王五	销售（1）部	79500	98500		1E+05	96000	66000	440000	27	2.21%
7	6	杜乐	销售（1）部	96000	72500	100000	86000	62000	87500	504000	4	2.53%
8	7	张红军	销售（1）部	93000	71500	92000	96500	87000	61000	501000	5	2.51%
9	8	唐艳霞	销售（1）部	97500	76000	72000	92500	84500	78000	500500	6	2.51%
10	9	杜月	销售（1）部	82050		90500	97000	65150	99000	433700	32	2.17%
11	10	张艳	销售（1）部	73500	91500	64500	93500	84000	87000	494000	7	2.48%
12	11	张成	销售（1）部	82500	78000	81000	96500	96500	57000	491500	8	2.46%
13	12	李佳	销售（1）部	87500	63500	67500		78500	94000	391000	43	1.96%
14	13	卢红	销售（1）部	75500	62500	87000	94500	78000	91000	488500	9	2.45%
15	14	卢红燕	销售（1）部	84500	71000	99500	89500	84500	58000	487000	10	2.44%
16	15	杜月红	销售（1）部	88000	82500		75500	62000	85000	393000	42	1.97%
17	16	张小丽	销售（2）部	69000	89500	92500	73000	58500	96500	479000	11	2.40%
18	17	马路刚	销售（2）部	77000	60500	66050	84000	98000	93000	478550	12	2.40%
19	18	李四	销售（2）部	92500	93500	77000	73000	57000	84000	477000	13	2.39%
20	19	彭旸	销售（2）部	74000	72500	67000	94000	78000	90000	475500	14	2.38%
21	20	张红	销售（2）部	95000	95000	70000	89500	61150	61500	472150	15	2.37%
22	21	李丽敏	销售（2）部	58500	90000	88500	97000	72000	65000	471000	16	2.36%
23	22	李辉	销售（2）部	83500	78500	70500	1E+05	68150	69000	469650	17	2.35%
24	23	李诗	销售（2）部	97000	75500	73000	64000	66000	76000	468500	18	2.35%
25	24	郝艳芬	销售（2）部	84500	78500		64500	72000		299500	44	1.50%
26	25	杨红敏	销售（2）部	80500	96000	72000	66000	61000	85000	460500	19	2.31%
27	26	范俊弟	销售（2）部	75500	72500	75000	92000	86000	55000	456000	20	2.29%
28	27	张恬	销售（2）部	56000	77500	85000	83000	74500	79000	455000	21	2.28%
29	28	杨伟健	销售（2）部	76500	70000	64000	75000	87000	78000	450500	22	2.26%

图 4-8 　销售业绩统计表

3. 利用定位条件查找

Excel 具有【定位条件】功能，可以快速定位电子表格中的空值、公式、批注、区域等。具体操作方法为：单击【开始】选项卡，在【编辑】组中单击【查找和选择】按钮，在弹出的下拉列表中选择【定位条件】选项，弹出【定位条件】对话框，选中【空值】单选钮，单击【确定】按钮查找出所有空单元格，在【编辑栏】中输入短横线"-"。按【Ctrl＋Enter】组合键，即可在全部空单元格中输入短横线"-"。

4. 替换单元格数据

具体操作方法为：单击【开始】选项卡，在【编辑】组中单击【查找和选择】按钮，在弹出的下拉列表中选择【替换】选项，弹出【查找和替换】对话框，在【查找内容】文本框中输入【张小丽】，在【替换为】文本框中输入"张丽丽"，单击【全部替换】按钮，弹出【Microsoft Excel】对话框，提示用户"全部完成。完成1处替换"，单击【确定】按钮返回工作表。

5. 替换单元格格式

具体操作方法为：单击【开始】选项卡，在【编辑】组中单击【查找和选择】按钮，在弹出的下拉列表中选择【替换】选项，弹出【查找和替换】对话框，单击【替换】选项卡，在【查找内容】文本框的右侧单击【格式】按钮，在弹出的下拉列表中选择【格式】选项，弹出【查找格式】对话框，单击【字体】选项卡，在【颜色】下拉列表中选择【红色】，单击【确定】按钮，返回【查找和替换】对话框，在【替换为】文本框的右侧单击【格式】按钮，在弹出的下拉列表中选择【格式】选项，弹出【替换格式】对话框，单击【字体】选项卡，在【字形】列表框中选择【加粗】选项，在【颜色】下拉列表中选择【绿色】，单击【确定】按钮，返回【查找和替换】对话框，直接单击【全部替换】按钮。弹出【Microsoft Excel】对话框，提示用户"全部完成"，单击【确定】按钮返回工作表，此时字体颜色为"红色"的单元格格式都被替换成了字体颜色为"绿色"，并设置为加粗的单元格格式。

编辑完成后的销售业绩统计表，如图 4-9 所示。

	A	B	C	D	E	F	G	H	I	J	K	L
1	编号	姓名	部门	一月份	二月份	三月份	四月份	五月份	六月份	总销售额	排名	业绩比重
2	1	刘彤	销售（1）部	96500	86500	90500	94000	99500	70000	537000	1	2.69%
3	2	李四	销售（1）部	92000	64000	97000	93000	75000	93000	514000	2	2.58%
4	3	程小丽	销售（1）部	66500	92500	95500	98000	86500	71000	510000	3	2.56%
5	4	林月	销售（1）部	—	85500	77000	81000	95000	78000	416500	39	2.09%
6	5	王五	销售（1）部	79500	98500	—	1E+05	96000	66000	440000	27	2.21%
7	6	杜乐	销售（1）部	96000	72500	100000	86000	62000	87500	504000	4	2.53%
8	7	张红军	销售（1）部	93000	71500	92000	96500	87000	61000	501000	5	2.51%
9	8	唐艳霞	销售（1）部	97500	76000	72000	92500	84500	78000	500500	6	2.51%
10	9	杜月	销售（1）部	82050	—	90500	97000	65150	99000	433700	32	2.17%
11	10	张艳	销售（1）部	73500	91500	64500	93500	84000	87000	494000	7	2.48%
12	11	张成	销售（1）部	82500	78000	81000	96500	96500	57000	491500	8	2.46%
13	12	李佳	销售（1）部	87500	63500	67500	—	78500	94000	391000	43	1.96%
14	13	卢红	销售（1）部	75500	62500	87000	94500	78000	91000	488500	9	2.45%
15	14	卢红燕	销售（1）部	84500	71000	99500	89500	84500	58000	487000	10	2.44%
16	15	杜月红	销售（1）部	88000	82500	—	75500	62000	85000	393000	42	1.97%
17	16	张丽丽	销售（2）部	69000	89500	92500	73000	58500	96500	479000	11	2.40%
18	17	马路刚	销售（2）部	77000	60500	66050	84000	98000	93000	478550	12	2.40%
19	18	李四	销售（2）部	92500	93500	77000	73000	57000	84000	477000	13	2.39%
20	19	彭旸	销售（2）部	74000	72500	67000	94000	78000	90000	475500	14	2.38%
21	20	张红	销售（2）部	95000	95000	70000	89500	61150	61500	472150	15	2.37%
22	21	李丽敏	销售（2）部	58500	90000	88500	97000	72000	65000	471000	16	2.36%
23	22	李辉	销售（2）部	83500	78500	70500	1E+05	68150	69000	469650	17	2.35%
24	23	李诗	销售（2）部	97000	75500	73000	81000	66000	76000	468500	18	2.35%
25	24	郝艳芬	销售（2）部	84500	78500	—	64500	72000	—	299500	44	1.50%
26	25	杨红敏	销售（2）部	80500	96000	72000	66000	61000	85000	460500	19	2.31%
27	26	范俊弟	销售（2）部	75500	72500	75000	92000	86000	55000	456000	20	2.29%
28	27	张恬	销售（2）部	56000	77500	85000	83000	74500	79000	455000	21	2.28%
29	28	杨伟健	销售（2）部	76500	70000	64000	75000	87000	78000	450500	22	2.26%

图 4-9 编辑完成后的销售业绩统计表

（七）综合案例：在"员工信息表"中输入数据

员工信息表通常包括时间、日期、编号、身份证号码、出生日期、年龄等，以"员工信息表"为例，如图 4-10 所示，掌握在工作表中输入数据的方法。

	A	B	C	D	E	F	G	H
1	员工编号	姓名	身份证号码	民族	出生日期	年龄	学历	
2								
3								
4								
5								
6								
7								

图 4-10　员工信息表

1. 输入身份证号码

将输入法切换到引文状态，在单元格 C2 中输入一个单引号，后输入身份证号码，按【Enter】键完成身份证号码的录入。

2. 用公式提取出生日期和年龄

在 Excel 中录入数据时，有些数据可以根据其他数据得到，此时可以应用公式核函数提取数据。例如，可以从身份证号码中提取出生日期和年龄等。在单元格 E2 中输入公式"=IF(C2<>,TEXT((LEN(C2)=15)*19&MID(C2,7,6+(LEN(C2)=18)*2),#-00-00)+0,)"，按【Enter】键。选中单元格 E2，单击【开始】选项卡，在【数字】组中的【数字格式】下拉列表中选择【短日期】选项，显示出生日期。使用同样的方法，在单元格 F2 中输入公式"=YEAR(NOW())-MID(C2,7,4)"，按【Enter】键提取年龄。

录入完成后的员工信息表，如图 4-11 所示。

	B	C	D	E	F	G	H
1	姓名	身份证号码	民族	出生日期	年龄	学历	
2		2222021990002058811		1990/2/5	32		
3							
4							
5							

图 4-11　录入完成后的员工信息表

三、Excel 2013 工作表的格式设置

工作表的格式设置主要包括设置单元格格式、使用单元格样式、使用表格样式、设置工作表背景等。本知识点将通过大量案例，详细讲述单元格和工作表的格式设置方法与技巧。

（一）设置"员工电话列表"的单元格格式

数据输入完成后，下一步可以设置单元格格式。设置单元格格式主要包括设置字体格式、数字显示方式、对齐方式、边框和底纹等内容。下面以员工电话列表为例介绍如何设置，如图 4-12 所示。

	A	B	C	D	E	F
1	部门	职位	姓名	手机号码	办公电话	
2	办公室	职员	张三	555-5555-5555	(555) 555-1234	
3	财务部	出纳	李四	555-5555-5555	(555) 555-1234	
4	人事部	职员	陈诚	555-5555-5555	(555) 555-1234	
5	销售科	职员	周五	555-5555-5555	(555) 555-1234	
6	人事部	职员	郝欣	555-5555-5555	(555) 555-1234	

图 4-12　员工电话列表

1. 设置单元格的字体格式

在 Excel 表格中，既可以通过【设置单元格格式】对话框来设置字体格式，也可以单击【字体】组中的按钮设置字形、字号、加粗和字体颜色等。

具体操作方法为：打开"员工电话列表.xlsx"，选中单元格区域 A1：E30，单击【开始】选项卡，在【字体】组中单击右下角的【对话框启动器】按钮，弹出【设置单元格格式】对话框，单击【字体】选项卡，在【字体】列表中选择【黑体】选项，单击【确定】按钮返回工作表，此时选中区域中的单元格的字体全都变成了【黑体】。选中单元格区域 A1：E1，单击【开始】选项卡，在【字体】组中单击【加粗】按钮，即可为选中区域中的字段添加【加粗】效果。

2. 设置单元格的数字显示格式

在 Excel 表格中可以将手机号码和办公电话显示成指定的格式。例如，使用【自定义】单元格功能，可以将手机号码设置为"000-0000-0000"形式，也可以将办公电话设置为"(555)555-1234"形式。

（1）设置手机号码的格式。手机号码一般由 11 位数字组成，在 Excel 表格中可以将其设置为分段显示，如"000-0000-0000"形式。

具体操作方法为：选中单元格区域 D2：D30，单击【开始】选项卡，在【字体】组中单击右下角的【对话框启动器】按钮，弹出【设置单元格格式】对话框，单击【数字】选项卡，在【分类】列表框中选择【自定义】选项，在【类型】文本框中输入"000-0000-0000"，单击【确定】按钮，返回工作表，选中区域的手机号码就以"000-0000-0000"形式分段显示。

（2）设置固定电话的格式。固定电话号码通常由区号和电话号码组成，包括 10 位或 11 位数字，在 Excel 表格中通过自定义单元格格式，可以将固定电话号码设置为"(000) 000-0000"或"(000)0000-0000"的形式。具体操作方法为：选中单元格区域 E2：E30，单击鼠标右键，在弹出的快捷菜单中选择【设置单元格格式】命令，弹出【设置单元格格式】对话框，单击【数字】选项卡，在【分类】列表框中选择【自定义】选项，在【类型】文本框中输入"（＃＃＃）＃＃＃-＃＃＃＃"，单击【确定】按钮，返回工作表，选中区域的固定电话号码就变成了"（＃＃＃）＃＃＃-＃＃＃＃"形式的分段显示。

3. 设置单元格的对齐方式

单元格的对齐方式包括左对齐、居中、右对齐、顶端对齐、垂直居中、底端对齐等多种方式，用户可以在【开始】功能区或【设置单元格格式】对话框中进行设置。

具体操作方法为：选中单元格区域 A1：E30，单击【开始】选项卡，在【对齐方式】组中单击【居中】按钮将选中区域的文本和数字居中对齐。

4. 设置单元格的边框与底纹

在编辑表格时，可以为单元格或单元格区域添加边框和底纹，从而让表格更加直观、更加精美。

（1）添加边框。具体操作方法为：选中单元格区域 A1：E30，单击【开始】选项卡，在【对齐方式】组中单击右下角的【对话框启动器】按钮，弹出【设置单元格格式】对话框，单击【边框】选项卡，在【样式】列表框中选择【细实线】，单击【外边框】和【内部】按钮，单击【确定】按钮。

（2）添加底纹。具体操作方法为：选中单元格区域 A1：E1，单击【开始】选项卡，在【字体】组中单击【填充颜色】按钮，在弹出的下拉列表中选择【黄色】选项。

设置完成后的员工信息表，如图 4-13 所示。

	A	B	C	D	E
1	部门	职位	姓名	手机号码	办公电话
2	办公室	职员	张三	555-5555-5555	(555) 555-1234
3	财务部	出纳	李四	555-5555-5555	(555) 555-1234
4	人事部	职员	陈诚	555-5555-5555	(555) 555-1234
5	销售科	职员	周五	555-5555-5555	(555) 555-1234
6	人事部	职员	郝欣	555-5555-5555	(555) 555-1234

图 4-13 设置完成后的员工电话列表

（二）使用单元格样式修饰"费用统计表"

Excel 2013 中含有多种内置的单元格样式，可以帮助用户快速格式化表格。单元格样式的作用范围仅限于被选中的单元格区域，未被选中的单元格则不会应用单元格样式。下面以费用统计表为例，介绍如何设置单元格样式，如图 4-14 所示。

	A	B	C	D	E
1	日期	员工姓名	所属部门	费用类别	余额
2	2022/1/1	许小云	销售部	差旅费	¥15,900
3	2022/1/2	陈小霞	秘书处	办公费	¥17,850
4	2022/1/3	杨辉	研发部	办公费	¥17,600
5	2022/1/4	贺娇	企划部	办公费	¥13,250
6	2022/1/5	肖于	企划部	办公费	¥17,130
7	2022/1/6	张韵	销售部	差旅费	¥15,830
8	2022/1/7	刘大海	销售部	招待费	¥12,830
9	2022/1/8	李节	企划部	宣传费	¥14,030
10	2022/1/9	刘新新	研发部	差旅费	¥10,730
11	2022/1/10	刘豪放	秘书处	办公费	¥10,300
12	2022/1/11	周云晗	研发部	差旅费	¥8,200
13	2022/1/12	张大军	销售部	差旅费	¥19,400
14	2022/1/13	刘小凡	销售部	差旅费	¥17,300
15	2022/1/14	李节	企划部	招待费	¥16,400
16	2022/1/15	刘新新	研发部	办公费	¥15,800
17	2022/1/16	刘杭	秘书处	办公费	¥14,600
18	2022/1/17	周环	研发部	宣传费	¥13,850
19	2022/1/18	辛芭	企划部	差旅费	¥11,500
20	2022/1/19	贺娇	企划部	差旅费	¥2,500
21	2022/1/20	肖霞	企划部	招待费	¥8,800
22	2022/1/21	陈小霞	秘书处	差旅费	¥7,600
23	2022/1/22	杨辉	研发部	办公费	¥7,400
24	2022/1/23	赵华	企划部	差旅费	¥4,400

图 4-14　费用统计表

1. 快速应用单元格样式

具体操作方法为：打开"费用统计表.xlsx"工作表，选中单元格区域 A1：E1，单击【开始】选项卡，在【样式】组中单击【单元格样式】按钮，弹出【内置样式】下拉列表，在【主题单元格样式】组中选择【着色 2】选项。

2. 自定义单元格样式

具体操作方法为：选中单元格 B3，执行【单元格样式】命令，打开内置样式下拉列表，选择【新建单元格样式】选项，弹出【样式】对话框，在【样式名】文本框中自动显示名称"样式

1"，单击【格式】按钮，弹出【设置单元格格式】对话框，单击【填充】选项卡，在【背景色】组中选择【黄色】选项，单击【确定】按钮。返回【样式】对话框，单击【确定】按钮，再次选中单元格B3，单击【开始】选项卡，在【样式】组中再次单击【单元格样式】按钮，弹出【内置样式】下拉列表，在【自定义】组中选择【样式1】选项，此时选中的单元格B3就会应用自定义【样式1】的效果。

3. 修改样式

具体操作方法为：执行【单元格样式】命令，打开内置样式下拉列表，在【主题单元格样式】组中的【着色2】选项上单击鼠标右键，在快捷菜单中选择【修改】命令，弹出【样式】对话框，单击【格式】按钮，弹出【设置单元格格式】对话框，单击【填充】选项卡，在【背景色】组中选择【绿色】选项，单击【确定】按钮，返回【样式】对话框，单击【确定】按钮，设置完毕。此时工作表中应用主题单元格样式【着色2】的单元格区域中的样式效果也会随之更改。

设置完成后的费用统计表，如图4-15所示。

	A	B	C	D	E
1	日期	员工姓名	所属部门	费用类别	余额
2	2022/1/1	许小云	销售部	差旅费	¥15,900
3	2022/1/2	陈小霞	秘书处	办公费	¥17,850
4	2022/1/3	杨辉	研发部	办公费	¥17,600
5	2022/1/4	贺娇	企划部	办公费	¥13,250
6	2022/1/5	肖于	企划部	办公费	¥17,130
7	2022/1/6	张韵	销售部	差旅费	¥15,830
8	2022/1/7	刘大海	销售部	招待费	¥12,830
9	2022/1/8	李节	企划部	宣传费	¥14,030
10	2022/1/9	刘新新	研发部	差旅费	¥10,730
11	2022/1/10	刘豪放	秘书处	办公费	¥10,300
12	2022/1/11	周云晗	研发部	差旅费	¥8,200
13	2022/1/12	张大军	销售部	差旅费	¥19,400
14	2022/1/13	刘小凡	销售部	差旅费	¥17,300
15	2022/1/14	李节	企划部	招待费	¥16,400
16	2022/1/15	刘新新	研发部	办公费	¥15,800
17	2022/1/16	刘杭	秘书处	办公费	¥14,600
18	2022/1/17	周环	研发部	宣传费	¥13,850
19	2022/1/18	辛芭	企划部	差旅费	¥11,500
20	2022/1/19	贺娇	企划部	差旅费	¥2,500
21	2022/1/20	肖霞	企划部	招待费	¥8,800
22	2022/1/21	陈小霞	秘书处	差旅费	¥7,600
23	2022/1/22	杨辉	研发部	办公费	¥7,400
24	2022/1/23	赵华	企划部	差旅费	¥4,400

图4-15　设置完成后的费用统计表

（三）使用表格样式修饰"部门用车统计表"

Excel 提供了表格自动格式化的功能，可以根据预设的表格样式，快速将制作的表格格式化，即表格的自动套用功能。自动套用表格样式既可以节省许多时间，又可制作出精美的表格。下面以部门用车统计表为例，如图 4-16 所示。

	A	B	C	D	E	F	G
1	部门	车号001	车号002	车号003	车号004	车号005	总行驶公里数
2	总经办	77	41	280		63	461
3	业务部	324	46	102	29	40	541
4	物管部	41	97		27	171	336
5	广告部	46				135	181
6	自办展		28			43	71
7	财务部	101	56		97	82	336
8	小计	589	268	382	153	534	1926

图 4-16　部门用车统计表

1. 自动套用表格样式

具体操作方法为：打开"部门用车统计表.xlsx"，选中单元格区域 A1：G8，单击【开始】选项卡，在【样式】组中单击【套用表格格式】按钮，弹出内置表格样式列表，在【中等深浅】中选择【表样式中等深浅 3】选项，弹出【套用表格式】对话框，【表数据的来源】文本框中显示了选择的单元格区域，勾选【表包含标题】复选框，单击【确定】按钮。

2. 自定义表格样式

具体操作方法为：执行【套用表格格式】命令，打开内置表格样式下拉列表，选择【新建表格样式】选项，弹出【新建表样式】对话框，在【名称】文本框中显示名称【表样式 1】，在【表元素】列表中选择【整个表】选项，单击【格式】按钮。弹出【设置单元格格式】对话框，单击【边框】选项卡，在【样式】列表中选择【细实线】，在【颜色】下拉列表中选择【红色】，单击【外边框】和【内部】按钮，单击【确定】按钮返回【新建表样式】对话框，在【表元素】列表中选择【标题行】选项，单击【格式】按钮。弹出【设置单元格格式】对话框，单击【字体】选项卡，在【字形】列表中选择【加粗】选项，在【颜色】下拉列表中选择【白色，背景 1】。单击【填充】选项卡，在【背景色】列表中选择【蓝色】选项，单击【确定】按钮返回【新建表样式】对话框，在【表元素】列表中选择【第一行条纹】选项，单击【格式】按钮。弹出【设置单元格格式】对话框，单击【填充】选项卡，在【背景色】列表中选择【橙色，着色 6，淡色 80%】选项，单击【确定】按钮返回【新建表样式】对话框，在【预览】组中即可查看预览效果，设置完毕，单击【确定】按钮。再次执行【套用表格格式】命令，打开内置表格样式下拉列表，在【自定义】组中选择【表样式 1】选项。此时,表格就应用了自定义的【表样式 1】。

设置完成后的部门用车统计表,如图 4-17 所示。

部门	车号001	车号002	车号003	车号004	车号005	总行驶公里数
总经办	77	41	280		63	461
业务部	324	46	102	29	40	541
物管部	41	97		27	171	336
广告部	46				135	181
自办展		28			43	71
财务部	101	56		97	82	336
小计	589	268	382	153	534	1926

图 4-17　设置完成后的部门用车统计表

(四) 设置"项目维修统计表"的工作表背景

Excel 工作表的默认背景颜色是白色,用户可以根据需要更改背景颜色,也可以将图片设置为工作表的背景。下面以项目维修统计表为例,介绍如何设置工作表背景,如图 4-18 所示。

序号	日期	报修时间	预完成时间	报修项目	报修人员	实际完成时间	维修结果	维修人员	备注
1									
2									
3									
4									
5									
6									
7									
8									
9									
10									
11									
12									
13									

部门项目维修统计表　月份　部门:

图 4-18　项目维修统计表

1. 设置背景颜色

具体操作方法为:打开"项目维修统计表.xlsx",按【Ctrl＋A】组合键,选中全部工作表区域,单击【开始】选项卡,在【字体】组中单击【填充颜色】按钮,在弹出的下拉列表中选择

【红色,着色 2,淡色 80%】选项,将工作表背景设置为【红色,着色 2,淡色 80%】。如果对主题颜色中的颜色不满意,可以自定义颜色,在弹出的【填充颜色】下拉列表中选择【其他颜色】选项,弹出【颜色】对话框,单击【标准】选项卡,在【颜色】面板中选择一种颜色,如【淡绿色】,单击【自定义】选项卡,使用鼠标拖动【颜色条】中的箭头,调整颜色深浅,调整完成,单击【确定】按钮。

2. 设置图片背景

具体操作方法为:取消上一步操作的背景设置,单击【页面布局】选项卡,在【页面设置】组中单击【背景】按钮,弹出【安全警告】对话框,单击【是】按钮。弹出【插入图片】对话框,单击【来自文件】组右侧的【浏览】按钮,弹出【工作表背景】对话框,在素材文件中找到图片"背景图.jpg",单击【插入】按钮。

设置完成后的项目维修统计表,如图 4-19 所示。

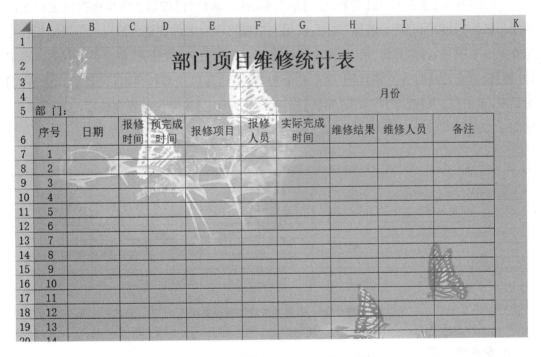

图 4-19　设置完成后的项目维修统计表

(五) 格式设置技巧

1. 快速调整行高和列宽

在整理 Excel 表格时,常常会碰到单元格中的文字过多造成内容显示不全,或者文字过少造成多余空白的现象,这时候就需要将行高或列宽调整到合适的尺寸。在行标或列标上拖动鼠标可以快速调整行高和列宽。

具体操作方法如下：将鼠标指针定位在行标的上边线或下边线位置，上下拖动鼠标，调整行高。例如，将鼠标指针移动到行标 5 与行标 6 之间，此时鼠标指针变成双箭头，按住鼠标左键不放，向下拖动鼠标即可拉大行的高度。调整完毕后释放鼠标，即可看到行高的变化。将鼠标指针定位到列标的左边线或右边线位置，左右拖动鼠标，调整列宽。例如，将鼠标指针移动到列表 A 与列表 B 之间，此时鼠标指针变成双箭头，按住鼠标左键不放，向右拖动鼠标拉大列的宽度。调整完毕后释放鼠标，即可看到列宽的变化。

2. 制作斜线表头

斜线表头是指在表格单元格中绘制斜线，以便在斜线单元格中添加项目名称。一般可以直接插入直线，也可以通过设置单元格格式制作斜线表头。

具体操作方法为：选中单元格 A1，单击【开始】选项卡；在【对齐方式】组中单击【左对齐】。单击【开始】选项卡，在【对齐方式】组中单击【自动换行】按钮。将鼠标指针定位在两个项目名称“月份”和“产品名称”之间，使用空格键将项目名称调整为两行。将鼠标指针定位在第一个项目名称“月份”前，使用空格键将第一个项目名称“月份”调整为右对齐。单击【开始】选项卡，在【对齐方式】组中单击右下角的【对话框启动器】，弹出【设置单元格格式】对话框，单击【边框】选项卡，单击【斜线】按钮，单击【确定】按钮。设置完成后的斜线表头，如图 4-20 所示。

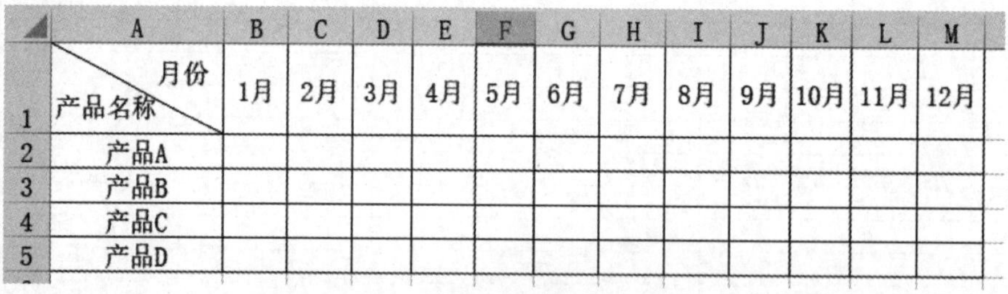

	A	B	C	D	E	F	G	H	I	J	K	L	M
1	月份 产品名称	1月	2月	3月	4月	5月	6月	7月	8月	9月	10月	11月	12月
2	产品A												
3	产品B												
4	产品C												
5	产品D												

图 4-20　设置完成后的斜线表头

3. 合并单元格

通常情况下，用于打印的表格文件都需设置标题，可以使用合并单元格功能，将标题行的单元格进行合并。具体操作方法为：选中单元格区域，单击【开始】选项卡；在【对齐方式】组中单击【合并后居中】按钮。

(六) 综合案例：美化“产品报价单”

报价单是一种为客户报价的价格清单，使用 Excel 的格式设置功能可以制作和美化

"产品报价单",如设置表格边框、填充底色和设置行高等。美化前的产品报价单表,如图 4-21 所示。

	A	B	C	D	E	F
1	序号	品名	规格	单价/元	备注(厂商)	
2						
3						
4						
5						
6						
7						

图 4-21 设置完成后的斜线表头

1. 设置表格边框

具体操作方法为:选中单元格区域 A1:E40,单击【开始】选项卡,在【字体】组中单击【表框】按钮,在弹出的下拉列表中选择【所有框线】选项。

2. 设置单元格底色

具体操作方法为:选中单元格区域 A1:E1,单击【开始】选项卡,在【字体】组中单击【填充颜色】按钮,在弹出的下拉列表中选择【橙色】选项。

3. 设置行高

具体操作方法为:选中单元格区域 A1:E40,单击【开始】选项卡,在【单元格】组中单击【格式】按钮,在弹出的下拉列表中选择【行高】选项。弹出【行高】对话框,在【行高】文本框中输入"20",单击【确定】按钮设置完毕,即可将选中单元格区域的行高设置为"20"磅。

美化后的产品报价单表,如图 4-22 所示。

	A	B	C	D	E
1	序号	品名	规格	单价/元	备注(厂商)
2					
3					
4					
5					
6					
7					

图 4-22 美化后的产品报价单表

四、Excel 2013 计算表格中的数据

知识点 38——
Excel 2013 计算
表格中的数据 1

Excel 2013 不仅具有表格编辑功能,还可以在表格中进行公式计算。本知识点以使用公式计算销售合计、引用单元格计算数据、使用数组公式计算销售总额和使用函数统计与分析员工培训成绩为例,介绍如何使用 Excel 公式与函数计算数据的方法和技巧。

(一) 使用公式计算销售合计

结合实例"年度销售汇总表.xlsx",如图 4-23 所示,介绍 Excel 中公式的用法、输入和编辑公式的方法及复制公式的方法。

	A	B	C	D	E	F
1	品名	第一季度	第二季度	第三季度	第四季度	年度合计
2	家电	4578569	34558.1	574273	458704	
3	食品	5225580	125878	4472249	335531	
4	服装	530500	2.6E+07	7177645	447838	
5	化妆品	425800	789878	7852339	54050.1	
6	日常百货	174500	525420	88025.2	758146	
7	家具	101801	4225878	543385	467522	
8	小家电	234100	3052898	197444	510445	
9	电脑	450200	102578	117604	278667	
10	季度合计					

图 4-23　年度销售汇总表

1. Excel 中公式的用法

公式是 Excel 工作表中进行数值计算和分析的等式。公式输入以等号"="开始的,简单的公式有加、减、乘、除等,复杂的公式包含函数、引用、运算符和常量等。

1) 公式的输入原则

Excel 中的公式必须遵循规定的语法。所有公式通常以等号"="开始,等号"="后跟要计算的元素,单元格的地址表示方法为"列表+行号",如"A1,D4"等,单元格区域的地址表示方法为"左上角的单元格地址:右下角的单元格地址",如"A1:F10,B1:G15,C5:G10"。

2) 公式中常用的运算符

运算符是公式的基本元素,也是必不可少的元素,每一个运算符代表一种运算。Excel 2013 有 4 种运算符类型,分别是算术运算符、比较运算符、文本运算符和引用运算符。

(1) 算术运算符,用于完成基本的数学运算,如表 4-2 所示。

表 4-2　算术运算符

运算符类型	运算符	含义	示例
算数运算符	＋	加法运算	A1＋B1
	－	减法运算	A1-B1
	＊	乘法运算	A1＊B1
	/	除法运算	A1/B1
	％	百分比运算	A1％
	ˆ	乘方运算	A1ˆ3(即 A1＊A1＊A1)

(2) 比较运算符,用于比较两个值。当用操作符比较两个值时,结果是一个逻辑值,为 TRUE 或 FALSE,其中 TRUE 表示"真",FALSE 表示"假",如表 4-3 所示。

表 4-3　比较运算符

运算符类型	运算符	含义	示例
比较运算符	＝	等于运算	A1＝B1
	＞	大于运算	A1＞B1
	＜	小于运算	A1＜B1
	＞＝	大于或等于运算	A1＞＝B1
	＜＝	小于或等于运算	A1＜＝B1
	＜＞	不等于运算	A1＜＞B1

(3) 文本运算符,使用连接符号(&)连接一个或多个字符串以产生更长文本,如表 4-4 所示。

表4-4　文本运算符

运算符类型	运算符	含义	示例
文本运算符	&	用于连接多个单元格中的文本字符串以产生一个新的文本字符串	A1&B1

（4）引用运算符，用于标明工作表中的单元格或单元格区域，如表4-5所示。

表4-5　引用运算符

运算符类型	运算符	含义	示例
引用运算符	:（冒号）	区域运算符，对两个引用之间，包括两个引用在内的所有单元格进行引用	B5:b15
	,（逗号）	联合操作符，将多个引用合并为一个进行引用	SUM(B5:B15,D5:D15)
	（空格）	交叉运算，即对两个引用区域中共有的单元格进行运算	A1:B8 B1:D8

3）公式中运算符的优先顺序

公式中众多的运算符在进行运算时有优先顺序，公式中运算符的优先顺序如表4-6所示。

表4-6　公式中运算符的优先顺序

优先顺序	运算符	说明
1	:（冒号）,（逗号）（空格）	引用运算符
2	—	作为负号使用（如：—8）
3	%	百分比运算
4	^	乘幂运算
5	*和/	乘和除运算
6	＋和—	加和减运算
7	&	连接两个文本字符串
8	=,<,>,<=,>=,<>	比较运算符

2. 输入与编辑公式

1）直接输入公式

输入公式要以"="开始，如果直接输入公式，而不加起始符号，Excel 会自动将输入的内容作为数据。

具体操作方法为：打开"年度销售汇总.xlsx"工作表，选中单元格 F2，首先输入等号"="，依次输入公式元素"B2＋C2＋D2＋E2"，按【Enter】键即可得到计算及结果。

在单元格中输入的公式会在公式编辑栏中自动显示，因此也可以在公式编辑栏中单击进入编辑状态，直接输入公式。

2）使用鼠标输入公式元素

如果公式中引用了单元格，还可以选择单元格或单元格区域配合公式的输入。

具体操作方法为：选中单元格 B10，输入"="公式起始符号，再输入"sum()"。将光标定位在公式中的括号内，拖动鼠标选中单元格区域 B2：B9，释放鼠标，即可在单元格 B10 中看到完整的求和公式"＝sum(B2：B9)"，完成公式的输入，按【Enter】键即可得到计算及结果。

3）使用其他符号开头

公式的输入还可以使用"＋"和"－"两种符号，系统会自动在"＋"和"－"两种符号的前方加入等号"="。

具体操作方法为：选中单元格 F3，首先输入"＋"符号，再输入公式的后面部分，输入完成后按【Enter】键，程序会自动在公式前加上"="符号。选中单元格 G3，首先输入"－"符号，再输入后面部分，输入完成后按【Enter】键，程序会自动在公式前加上"="符号，并将第一个数据源当作负值来计算。

4）编辑或更改公式

输入公式后，如果需要对公式进行更改，可以利用如下 3 种方法来重新对公式进行编辑。

（1）双击法。双击需要重新编辑公式的单元格，进入公式编辑状态，重新编辑公式或对公式进行局部修改。

（2）按【F2】功能键。选中需要重新编辑公式的单元格，按【F2】键对公式进行编辑。

（3）利用公式编辑栏。选中需要重新编辑公式的单元格，在公式编辑栏中单击一次，即可对公式进行编辑。

5）删除公式

选中单元格 G3，按【Del】键删除单元格中的公式。

3. 复制公式

（1）复制和粘贴公式。选中要复制公式的单元格 F3，按【Ctrl＋C】组合键，单元格的四周出现绿色虚线边框,说明单元格处于复制状态。选中要粘贴公式的单元格 F4,按【Ctrl+V】组合键,将单元格 F3 中的公式复制到单元格 F4 中,自动根据行列的变化调整公式,得出计算结果。

(2)填充公式。选中要填充公式的单元格 F4,将鼠标指针移动到单元格的右下角,此时鼠标指针变成十字形状,双击鼠标将公式填充到单元格 F9。选中要填充公式的单元格 B10,将鼠标指针移动到单元格的右下角,此时鼠标指针变成十字形状,按住鼠标左键不放,向右拖动到单元格 F10,释放鼠标,公式就填充到选中的单元格区域。

计算完成后的年度销售汇总表,如图 4-24 所示。

	A	B	C	D	E	F
1	品名	第一季度	第二季度	第三季度	第四季度	年度合计
2	家电	4578569	34558.09	574272.6	458704	5646103.2
3	食品	5225580	125878.4	4472249	335530.6	10159238
4	服装	530500	25583895	7177645	447837.5	33739878
5	化妆品	425800	789878.4	7852339	54050.09	9122067.4
6	日常百货	174500	525420.2	88025.2	758146	1546091.4
7	家具	101800.6	4225878	543384.7	467522	5338585.4
8	小家电	234100	3052898	197444.2	510445.3	3994887.5
9	电脑	450200	102578.4	117603.8	278667.3	949049.45
10	季度合计	11721050	34440984	21022964	3310903	70495900
11						

图 4-24　计算完成后的年度销售汇总表

(二)引用单元格进行数据计算

1. 单元格的引用方法

(1)单元格的相对引用。单元格的相对引用是基于包含公式和引用的单元格的相对位置而言的。如果公式所在单元格的位置发生改变,引用也将随之改变,如果对多行或多列进行复制公式,引用会自动调整。默认情况下,新公式使用相对引用。

(2)单元格中的绝对引用。单元格中的绝对引用则总是引用指定位置单元格(如 $A$1)。如果公式所在单元格的位置改变,绝对引用的单元格也始终保持不变,如果对多行或多列进行复制公式,绝对引用将不作调整。下面以员工提成表为例,使用相对引用单元格的方法计算销售额,使用绝对引用单元格的方法计算各地区销售排名,如图 4-25 所示。

打开"员工提成表"选中单元格 E3,输入公式"=C3*D3",此时相对引用单元格 C3 和 D3。输入完毕,按【Enter】键,选中单元格 E3,将鼠标指针移动到单元格的右下角,鼠标指针变成十字形状,双击鼠标,将公式填充到本列其他单元格中。对多行或多列进行复制公

	A	B	C	D	E	F	
1					提成比例	3.60%	
2	员工姓名	销售商品	销售单价	销售数量	销售金额	销售提成	
3	张三	商品01	2385	236			
4	李四	商品02	1968	328			
5	王五	商品03	2055	272			
6	赵六	商品04	1890	396			
7	陈七	商品05	1680	306			
8	周八	商品06	2460	239			
9	陆九	商品07	1836	387			
10	葛凡	商品08	632	260			
11							

图 4-25　员工提成表

式,引用会自动调整,随着公式所在单元格的位置发生改变,引用也随之改变,例如,单元格 E4 中的公式变为"＝C4 * D4"。

选中单元格 F3,在其中输入公式"＝E3 * F1"。按快捷键【F4】,公式变为"＝E3 * ＄F ＄1",此时绝对引用单元格 F1。输入完毕按【Enter】键,选中单元格 F3,将鼠标指针移动到单元格的右下角,鼠标指针变成十字形状后双击鼠标,将公式填充到本列其他单元格中。如果对多行或多列进行复制公式,绝对引用将不做调整;如果公式所在单元格的位置改变,绝对引用的单元格 F1 始终保持不变。

计算完成后的员工提成表,如图 4-26 所示。

	A	B	C	D	E	F
1					提成比例	3.60%
2	员工姓名	销售商品	销售单价	销售数量	销售金额	销售提成
3	张三	商品01	2385	236	562860	20262.96
4	李四	商品02	1968	328	645504	23238.144
5	王五	商品03	2055	272	558960	20122.56
6	赵六	商品04	1890	396	748440	26943.84
7	陈七	商品05	1680	306	514080	18506.88
8	周八	商品06	2460	239	587940	21165.84
9	陆九	商品07	1836	387	710532	25579.152
10	葛凡	商品08	632	260	164320	5915.52
11						

图 4-26　计算完成后的员工提成表

(3) 混合引用。混合引用包括绝对列和相对行(如 ＄A1)及绝对行和相对列(如 A ＄1)两种形式。如果公式所在单元格的位置改变,则相对引用改变,而绝对引用不变。如果对多行或多列进行复制公式,相对引用自动调整,而绝对引用不作调整。下面以员工年金终值表为例,如图 4-27 所示。

	A B	C	D	E	F
1	计算普通年金终值				
2	本金	年利率			
3	50000	5%	6%	7%	8%
4	1				
5	2				
6	3				
7	4				
8	年 5				
9	数 6				
10	7				
11	8				
12	9				
13	10				
14	10年后的年金终值	0.00	0.00	0.00	0.00
15					

图 4-27 员工年金终值表

例如:某公司准备在未来 10 年内,每年年末从利润留成中提取 50 000 元存入银行,计划 10 年后将这笔存款用于建造员工福利性宿舍,假设年利率为 5%,10 年后一共可以积累多少资金? 如果年利率为 6%、7%、8%,可积累多少资金? 使用混合引用单元格的方法计算年金终值。

具体操作方法为:打开"员工年金终值表",选中单元格 C4,输入公式"= ＄A ＄3 ＊ (1＋C ＄3)^＄B4",绝对引用单元格 A3,混合引用单元格 C3 和 B4,输入完毕按【Enter】键计算出年利率为 5% 时第一年的本息合计。选中单元格 C4,将鼠标指针移动到单元格的右下角,此时鼠标指针变成十字形状,双击鼠标将公式填充到本列其他单元格中。多列复制公式,引用会自动调整,随着公式所在单元格的位置改变而改变,混合引用中的列表也随之改变。例如,单元格 C5 中的公式变为"= ＄A ＄3 ＊ (1＋C ＄3)^＄B5"。选中单元格 C4,将鼠标指针移动到单元格的右下角,当鼠标指针变成十字形状时按住鼠标左键不放,向右拖动到单元格 F4,释放鼠标,公式就填充到选中的单元格区域中。对多行进行复制公式,引用会自动调整,随着公式所在单元格的位置改变而改变,混合引用中的行标也随之改变,例如,单元格 D4 中的公式变成"= ＄A ＄3 ＊ (1＋D ＄3)^＄B4"。重复之前的步骤将公式填充到空白单元格中,根据设置的求和公式,在第 14 行中可得出各年利率下 10 年后的年金终值。

计算完成后的员工年金终值表,如图4-28所示。

		计算普通年金终值			
本金		年利率			
50000		5%	6%	7%	8%
年数	1	52500.00	53000.00	53500.00	54000.00
	2	55125.00	56180.00	57245.00	58320.00
	3	57881.25	59550.80	61252.15	62985.60
	4	60775.31	63123.85	65539.80	68024.45
	5	63814.08	66911.28	70127.59	73466.40
	6	67004.78	70925.96	75036.52	79343.72
	7	70355.02	75181.51	80289.07	85691.21
	8	73872.77	79692.40	85909.31	92546.51
	9	77566.41	84473.95	91922.96	99950.23
	10	81444.73	89542.38	98357.57	107946.25
10年后的年金终值		660339.36	698582.13	739179.97	782274.37

图4-28 计算完成后的员工年金终值表

2. 使用名称固定引用单元格

Excel具有定义名称功能,引用单元格名称参与数据计算,下面以地区销售排名表为例,如图4-29所示。

	A	B	C	D	E
1	地区	销量	销售单价	销售额	销售排名
2	济南	500	2050	1025000	
3	北京	540	2000	1080000	
4	青岛	650	2080	1352000	
5	天津	750	2070	1552500	
6	北京	720	2000	1440000	
7	上海	680	2030	1380400	

图4-29 地区销售排名表

使用单元格区域定义名称,引用名称计算各地区销售额排名情况的具体操作方法为:打开"地区销售排名表",选中单元格区域D2:D7,单击【公式】选项卡,在【定义的名称】组中单击【定义名称】按钮。弹出【新建名称】对话框,在【名称】文本框中自动显示字段名称

"销售额",在【引用位置】文本框中显示"＝计算地区销售排名！＄D＄2：＄D＄7",单击【确定】按钮返回工作表中,此时单元格区域 D2：D7 就被定义成"销售额"。选中单元格 E2,在其中输入公式"＝RANK(D2,销售额)",此时就引用了名称"销售额",按【Enter】键,计算单元格 D2 中的数值在单元格区域 D2：D7 所有单元格数值中的排名。选中单元格 E3,将鼠标指针移动到单元格的右下角,此时鼠标指针变成十字形状,双击鼠标将公式填充到本列其他单元格中,计算出所有地区销售额的排名。

计算完成后的地区销售排名表,如图 4-30 所示。

	A	B	C	D	E
1	地区	销量	销售单价	销售额	销售排名
2	济南	500	2050	1025000	6
3	北京	540	2000	1080000	5
4	青岛	650	2080	1352000	4
5	天津	750	2070	1552500	1
6	北京	720	2000	1440000	2
7	上海	680	2030	1380400	3

图 4-30　计算完成后的地区销售排名表

(三) 使用数组公式批量计算销售总额

知识点 39——
Excel 2013 计算
表格中的数据 2

数组公式是指可以在数组的一项或多项中执行多个计算的公式,数组公式不同于一般的公式,在功能上具有高度"浓缩"的特性。如果能够灵活运用数组公式,在数据统计工作中可以达到事半功倍的效果。

1. 使用数组公式

引用数组,并在编辑栏中使用"{}"符号的公式就是数组公式。

(1) 在单个单元格中输入数组公式。具体操作方法如下:在编辑栏中输入完整的公式,并使编辑栏仍处在编辑状态,按快捷键【Ctrl＋Shift＋Enter】,编辑栏会自动脱离编辑状态,并且选中单元格后,在编辑栏中可以看到公式的两端有"{}"符号标记,而双击进入公式的编辑状态时,可以发现"{}"符号是不存在的。

产品销售统计表,如图 4-31 所示。

下面以计算 3 种产品的总销售额为例,介绍如何在单个单元格中输入数组公式并产生计算结果。具体操作方法为:打开"产品销售统计表.xlsx"工作簿,在"单个单元格中输入数组公式"工作表中选中单元格 B6,输入公式"＝sum()"。将光标定位在公式中的括号

	A	B	C	D
1	品名	单价	数量	销售额
2	产品A	201	858	
3	产品B	245	759	
4	产品C	199	685	
5				
6	总销售额			

图 4-31　产品销售统计表

中,拖动鼠标选中单元格区域 B2：B4。继续输入乘号"＊",拖动鼠标选中单元格区域 C2：C4,按快捷键【Ctrl＋Shift＋Enter】,在输入的公式前后加上大括号"{}",变为数组公式"＝{SUM(B2：B4＊C2：C4)}"。如果不确定数组公式的计算结果正确与否,可以使用常规求和方法进行验证。在单元格 D2 中输入公式"＝B2＊C2",按【Enter】键,选中单元格 D2,将公式填充到单元格 D4,在单元格 D5 中输入求和公式"＝SUM(D2：D4)",按【Enter】键,即可得出计算机结果。

(2) 在单元格区域中输入数组公式。不但可以在单个单元格中使用数组公式,也可以将数组公式应用到单元格区域中,用于计算多个结果,也就是将数组公式输入到与数组参数中所用相同的列数和行数的单元格区域中执行计算操作。

具体操作方法为:切换到"多个单元格中输入数组公式"工作表中,选中单元格区域 E2：E10,在编辑栏中输入等号"＝",拖动鼠标选中单元格区域 C2：C10,继续输入乘号"＊",拖动鼠标选中单元格区域 D2：D10,按快捷键【Ctrl＋Shift＋Enter】,在输入的公式前后加上"{}"符号,变为数组公式"{＝C2：C10＊D2：D10}",并得出计算结果。

计算完成后的产品销售统计表,如图 4-32 所示。

	A	B	C	D
1	品名	单价	数量	销售额
2	产品A	201	858	172458
3	产品B	245	759	185955
4	产品C	199	685	136315
5				494728
6	总销售额	494728		

图 4-32　计算完成后的产品销售统计表

2. 修改或删除数组公式

如果要修改或删除数组公式,系统会提示"不能修改数组的一部分"。修改或删除数组公式的方法如下。

(1) 修改数组公式。修改数组公式,双击所在的单元格,进入编辑状态,修改完毕后,按【Ctrl+Shift+Enter】组合键结束,Excel 自动修改数组公式。修改单个单元格中的数组公式,切换到"单个单元格中输入数组公式"工作表中,选中单元格 B6,双击鼠标,公式进入修改状态,"{}"消失,修改完毕后,按快捷键【Ctrl+Shift+Enter】,重新为公式添加"{}"变成数组公式,并得出计算结果。修改单元格区域中的数组公式,切换到"多个单元格中输入数组公式"工作表中,选中单元格区域 E2:E10,在编辑栏中单击鼠标左键,进入编辑状态,修改完毕后,按快捷键【Ctrl+Shift+Enter】,重新为公式添加"{}"变成数组公式,并得出计算结果。

(2) 删除数组公式。删除数组公式,必须选择数组公式所覆盖的单元格或整个单元格区域,按【Del】键进行删除。如果不能确定该数组公式的范围,则具体操作方法为:在"多个单元格中输入数组公式"工作表中,选择某个包含数组公式的单元格,如 E5,按【F5】键,打开【定位】对话框,单击【定位条件】按钮,弹出【定位条件】对话框,选中【当前数组】单选钮,单击【确定】按钮,返回工作表,此时 Excel 会自动选择多单元格数组公式所覆盖的区域,然后按【Del】键,执行删除操作。

(四) 公式的审核

审核公式对于公式的正确性来说至关重要,包括检查并校对数据、查找选定公式引用的单元格及查找公式错误、显示公式等。

1. 检查公式错误

打开 Excel 电子表格,单击【公式】选项卡,在【公式审核】组中单击【错误检查】按钮,弹出【Microsoft Excel】对话框,提示"已完成对整个工作表的错误检查",单击【确定】按钮。

2. 追踪引用或从属单元格

追踪引用单元格,就是查找被其他单元格中的公式引用的单元格。如单元格 B1 包含公式"=A1",那么单元格 A1 就是单元格 B1 的引用单元格。

追踪从属单元格,就是查找包含引用其他单元格的公式。如单元格 D1 包含公式"=C1",那么单元格 D1 就是单元格 C1 的从属单元格。

具体操作方法为:选中含有公式的单元格 D5,单击【公式】选项卡,在【公式审核】组中单击【追踪引用单元格】按钮,追踪到单元格 D5 中公式引用的单元格,并显示引用指示箭头。选中含有公式的单元格 D5，单击【公式】选项卡，在【公式审核】组中单击【追踪从属单元格】按钮，追踪到单元格 D5 中公式从属的单元格，并显示从属指示箭头。如果要隐藏指示箭头，单击【公式】选项卡，在【公式审核】组中单击【移去箭头】按钮。

3. 显示公式

具体操作方法为：单击【公式】选项卡，在【公式审核】组中单击【显示公式】按钮，即可显示工作表中的所有公式。如果要退出公式显示状态，再次执行【显示公式】命令即可。

（五）综合案例：使用函数统计和分析员工培训成绩

使用 Excel 的函数与公式，按特定的顺序或结构进行数据统计与分析，能够大大提高办公效率。下面以操作"员工培训成绩表"为例，如图 4-33 所示，使用统计函数统计和分析员工培训成绩。

编号	部门	姓名	企业文化	规章制度	财务知识	电脑操作	质量管理	平均成绩	总成绩	名次
001	办公室	张三	75	80	87	79	90			
002	销售部	李四	89	85	86	76	78			
003	人事部	王五	91	93	78	83	98			
004	办公室	赵六	72	80	92	91	80			
005	财务部	申七	82	89	76	85	83			
006	人事部	屠八	83	79	88	82	87			
007	销售部	郝九	77	81	87	85	89			
008	销售部	陆十	83	80	85	88	92			
009	财务部	孙晓晓	89	85	75	69	76			
010	办公室	吴大胜	80	84	79	86	72			
011	销售部	路华云	80	77	92	87	80			
012	财务部	葛云峰	90	89	84	75	85			
013	人事部	苏新	88	78	69	80	90			
单科成绩优异（>=90）人数										

图 4-33 员工培训成绩表

1. AVERAGE 求平均成绩

AVERAGE 函数是 Excel 表格中计算平均值的函数。语法格式：AVERAGE（number1，number2，…）其中：number1，number2，…是计算平均值的 1～30 个参数。

使用插入 AVERAGE 函数的具体操作方法为：打开"员工培训成绩表.xlsx"工作表，单击【公式】选项卡，在【函数库】组中单击【插入函数】按钮，弹出【插入函数】对话框，在【或选择类别】下拉列表中选择【统计】选项，在【选择函数】列表中选择【AVERAGE】选项，单击【确定】按钮。弹出【函数参数】对话框，单击【Number1】文本框右侧的折叠按钮将【函数参数】对话框折叠起来，在工作表中选择数据区域 D3：H3，单击【函数参数】对话框中的展开按钮,返回【函数参数】对话框,单击【确定】按钮,即可计算出员工"张三"的平均成绩。选中单元格 I3,将鼠标指针移动到单元格的右下角,鼠标指针变成十字形状,拖动鼠标将公式填充到下方的其他单元格中,可计算出其他员工的平均成绩。

2. SUM 快速求和

SUM 函数是最常用的求和函数,用于计算某一单元格区域中数字、逻辑值及数字的文本表达式之和。语法格式:SUM(number1,number2,…)其中,参数 number1,number2,…为 1 到 30 个需要求和的参数。

使用 SUM 函数的具体操作方法为:选中单元格 J3,输入公式"=SUM(D3:H3)",按【Enter】键计算出员工"张三"的总成绩,将公式填充到本列的其他单元格中可计算出其他员工的总成绩。

3. RANK 排名次

RANK 函数的功能是计算某个单元格区域内指定字段的值在该区域所有值中的排名。语法格式:RANK(number,ref,order)其中,number 代表需要排序的数值,ref 代表排序数值所处的单元格区域,order 代表排序方式参数(如果为"0"或者忽略,则按降序排名,即数值越大,排名结果数值越小;如果为非"0"值,则按升序排名,即数值越大,排名结果数值越大)。

使用 RANK 函数的具体操作方法为:选中单元格 K3,输入公式"=RANK(J3,$J$3:$J$20)",按【Enter】键计算出员工"张三"总成绩的排名。将公式填充到本列的其他单元格中可计算出其他员工总成绩的排名。使用 RANK 函数计算数值的排名时,必须绝对引用特定的单元格区域。

4. COUNTIF 统计人数

COUNTIF 函数是对指定区域中符合指定条件的单元格计数的函数。语法格式:COUNTIF(range,criteria),其中 range 参数是需要计算其中满足条件的单元格数目的单元格区域,criteria 参数是确定单元格区域将被计算在内的条件,其形式可以为数字、表达式或文本。

假设单科成绩>=90 的成绩为优异成绩,使用 COUNTIF 函数统计每个科目优异成绩的个数,具体操作方法为:选中单元格 D16,输入公式"=COUNTIF(D3:D15,">=90")",按【Enter】键计算出"企业文化"科目中取得优异成绩的人数,将公式填充到本行的其他单元格中可计算出其他科目中取得优异成绩的人数。

计算完成后的员工培训成绩表,如图 4-34 所示。

	A	B	C	D	E	F	G	H	I	J	K
1	编号	部门	姓名	课程名称					平均成绩	总成绩	名次
2				企业文化	规章制度	财务知识	电脑操作	质量管理			
3	001	办公室	张三	75	80	87	79	90	82.20	411	10
4	002	销售部	李四	89	85	86	76	78	82.80	414	9
5	003	人事部	王五	91	93	78	83	98	88.60	443	1
6	004	办公室	赵六	72	80	92	91	80	83.00	415	7
7	005	财务部	申七	82	89	76	85	83	83.00	415	7
8	006	人事部	屠八	83	79	88	82	87	83.80	419	4
9	007	销售部	郝九	77	81	87	85	89	83.80	419	4
10	008	销售部	陆十	83	80	85	88	92	85.60	428	2
11	009	财务部	孙晓晓	89	85	75	69	76	78.80	394	13
12	010	办公室	吴大胜	80	84	79	86	72	80.20	401	12
13	011	销售部	路华云	80	77	92	87	80	83.20	416	6
14	012	财务部	葛云峰	90	89	84	75	85	84.60	423	3
15	013	人事部	苏新	88	78	69	80	90	81.00	405	11
16	单科成绩优异（>=90）人数			2	1	2	1	4			
17											

图 4-34　计算完成后的员工培训成绩表

五、Excel 2013 数据统计与分析

排序、筛选、分类汇总和数据透视表是 Excel 2013 中重要的统计和分析工具，使用这些工具可以快速实现数据的统计与分析。本知识点以排序销售统计表、筛选订单统计表、汇总差旅费统计表，以及对销售统计表进行透视分析为例，介绍数据的统计与分析方法。

知识点 40——
Excel 2013 数据
统计与分析

（一）对"销售统计表"进行排序

Excel 提供"排序"功能，使用该功能可以按照一定的顺序对工作表中的数据进行重新排序。数据排序方法主要包括简单排序、复杂排序和自定义排序。下面以销售统计表为例，介绍排序功能，如图 4-35 所示。

1. 简单排序

对数据清单进行排序时，如果按照单列的内容进行简单排序，可以直接使用【升序】或【降序】按钮来完成，也可以通过【排序】对话框来完成。

（1）使用【升序】或【降序】按钮。打开"销售统计表.xlsx"工作表，选中"销售额"列中的任意一个单元格，单击【数据】选项卡，在【排序和筛选】组中单击【升序】按钮，销售数据就会按照"销售额"升序排序。

（2）使用【排序】对话框。选中数据区域中的任意一个单元格，单击【数据】选项卡，在【排序和筛选】组中单击【排序】按钮，弹出【排序】对话框，在【主要关键字】下拉列表中选择

	A	B	C	D	E	F
1	销售日期	产品名称	销售区域	销售数量	产品单价	销售额
2	2022/7/19	液晶电视	北京分部	75台	¥8,000	¥600,000
3	2022/7/28	液晶电视	北京分部	65台	¥8,000	¥520,000
4	2022/7/12	液晶电视	北京分部	60台	¥8,000	¥480,000
5	2022/7/8	冰箱	北京分部	100台	¥4,100	¥410,000
6	2022/7/5	饮水机	北京分部	76台	¥1,200	¥91,200
7	2022/7/18	液晶电视	上海分部	85台	¥8,000	¥680,000
8	2022/7/1	液晶电视	上海分部	59台	¥8,000	¥472,000
9	2022/7/30	冰箱	上海分部	93台	¥4,100	¥381,300
10	2022/7/29	洗衣机	上海分部	78台	¥3,800	¥296,400
11	2022/7/2	冰箱	上海分部	45台	¥4,100	¥184,500
12	2022/7/25	电脑	上海分部	32台	¥5,600	¥179,200
13	2022/7/10	电脑	上海分部	30台	¥5,600	¥168,000
14	2022/7/22	洗衣机	上海分部	32台	¥3,800	¥121,600
15	2022/7/14	饮水机	上海分部	90台	¥1,200	¥108,000
16	2022/7/27	饮水机	上海分部	44台	¥1,200	¥52,800
17	2022/7/17	冰箱	天津分部	95台	¥4,100	¥389,500
18	2022/7/16	电脑	天津分部	65台	¥5,600	¥364,000
19	2022/7/15	空调	天津分部	70台	¥3,500	¥245,000
20	2022/7/4	空调	天津分部	69台	¥3,500	¥241,500
21	2022/7/31	空调	天津分部	32台	¥3,500	¥112,000
22	2022/7/6	饮水机	天津分部	90台	¥1,200	¥108,000
23	2022/7/11	饮水机	天津分部	40台	¥1,200	¥48,000
24	2022/7/21	饮水机	天津分部	12台	¥1,200	¥14,400
25	2022/7/3	电脑	广州分部	234台	¥5,600	¥1,310,400

图 4-35　销售统计表

【产品名称】选项,在【次序】下拉列表中选择【降序】选项,单击【确定】按钮,销售数据就会按照"产品名称"降序排序。

2. 复杂排序

如果在排序字段里出现相同的内容,会保持它们的原始次序。如果用户要对这些相同内容按照一定条件进行排序,可以使用多个关键字的复杂排序。

例如,按照"销售区域"对销售数据进行升序排列,再按照"销售额"进行降序排列。具体操作方法为:选中数据区域中的任意一个单元格,单击【数据】选项卡,在【排序和筛选】组中单击【排序】按钮,弹出【排序】对话框,在【主要关键字】下拉列表中选择【销售区域】选项,在【次序】下拉列表中选择【升序】选项,单击【添加条件】按钮,添加一组新的排序条件。在【次要关键字】下拉列表中选择【销售额】选项,在【次序】下拉列表中选择【降序】选项,单击【确定】按钮。此时,销售数据在根据【销售区域】升序排列的基础上,按照【销售额】降序排列。

3. 自定义排序

数据的排序除了可以按照数字大小和拼音字母顺序,还会涉及一些没有明显顺序特征的项目,可以按照自定义序列对这些数据进行排序。

　　将销售区域的序列顺定义为"上海分部,北京分部,广州分部,天津分部",然后进行排序,具体操作方法为:选中数据区域中的任意一个单元格,单击【数据】选项卡,单击【排序和筛选】组中的【排序】按钮,弹出【排序】对话框,在【主要关键字】中的【次序】下拉列表中选择【自定义序列】选项,弹出【自定义序列】对话框,在【自定义序列】列表框中选择【新序列】选项,在【输入序列】文本框中输入"上海分部,北京分部,广州分部,天津分部",文字中间使用英文半角状态下的逗号隔开,单击【添加】按钮,此时新定义的序列"上海分部,北京分部,广州分部,天津分部"就添加到了【自定义序列】列表框中,单击【确定】按钮,返回【排序】对话框。在【主要关键字】中的【次序】下拉列表中选择"上海分部,北京分部,广州分部,天津分部"选项,单击【确定】按钮,此时表格中的数据就会按照自定义序列进行排序。

　　默认的 Excel 数据排序按行排序和字母排序,也可以按列排序或笔画排序。打开【排序】对话框,单击【选项】按钮,弹出【选项】对话框,选择【按列排序】和【按笔画排序】选项完成排序方式的设置。

　　排序完成后的销售统计表,如图 4-36 所示。

	A	B	C	D	E	F
1	销售日期	产品名称	销售区域	销售数量	产品单价	销售额
2	2022/7/18	液晶电视	上海分部	85台	¥8,000	¥680,000
3	2022/7/1	液晶电视	上海分部	59台	¥8,000	¥472,000
4	2022/7/30	冰箱	上海分部	93台	¥4,100	¥381,300
5	2022/7/29	洗衣机	上海分部	78台	¥3,800	¥296,400
6	2022/7/2	冰箱	上海分部	45台	¥4,100	¥184,500
7	2022/7/25	电脑	上海分部	32台	¥5,600	¥179,200
8	2022/7/10	电脑	上海分部	30台	¥5,600	¥168,000
9	2022/7/22	洗衣机	上海分部	32台	¥3,800	¥121,600
10	2022/7/14	饮水机	上海分部	90台	¥1,200	¥108,000
11	2022/7/27	饮水机	上海分部	44台	¥1,200	¥52,800
12	2022/7/19	液晶电视	北京分部	75台	¥8,000	¥600,000
13	2022/7/28	液晶电视	北京分部	65台	¥8,000	¥520,000
14	2022/7/12	液晶电视	北京分部	60台	¥8,000	¥480,000
15	2022/7/8	冰箱	北京分部	100台	¥4,100	¥410,000
16	2022/7/5	饮水机	北京分部	76台	¥1,200	¥91,200
17	2022/7/3	电脑	广州分部	234台	¥5,600	¥1,310,400
18	2022/7/9	空调	广州分部	200台	¥3,500	¥700,000
19	2022/7/7	洗衣机	广州分部	80台	¥3,800	¥304,000
20	2022/7/24	空调	广州分部	41台	¥3,500	¥143,500
21	2022/7/20	洗衣机	广州分部	32台	¥3,800	¥121,600
22	2022/7/13	饮水机	广州分部	80台	¥1,200	¥96,000
23	2022/7/26	饮水机	广州分部	22台	¥1,200	¥26,400
24	2022/7/17	冰箱	天津分部	95台	¥4,100	¥389,500
25	2022/7/16	电脑	天津分部	65台	¥5,600	¥364,000

图 4-36　排序完成后的销售统计表

（二）筛选销售订单

如果要在成百上千条数据记录中查询需要的数据,就需要使用 Excel 的筛选功能。下面以订单统计表中的数据按条件进行筛选和分析为例,介绍 Excel 筛选功能的具体操作方法,如图 4-37 所示。

	A	B	C	D	E
1	定购日期	订单 ID	销售人员	所在地区	订单金额
2	2022/11/1	8856190	吴山	山东	¥1408.00
3	2022/11/2	8856189	孙晓	上海	¥910.40
4	2022/11/2	8856193	孙晓	上海	¥1733.06
5	2022/11/2	8856203	吴山	上海	¥15810.00
6	2022/11/2	8856207	孙晓	上海	¥2023.38
7	2022/11/2	8856211	孙晓	上海	¥1353.60
8	2022/11/3	8856196	董欣欣	上海	¥439.00
9	2022/11/3	8856198	吴山	上海	¥912.00
10	2022/11/3	8856206	吴山	山东	¥1809.75
11	2022/11/3	8856214	吴山	上海	¥69.60
12	2022/11/6	8856205	孙晓	上海	¥720.90
13	2022/11/6	8856209	陈东	上海	¥2772.00
14	2022/11/6	8856217	吴山	上海	¥1196.00
15	2022/11/7	8856173	赵云云	北京	¥458.74
16	2022/11/7	8856212	孙晓	上海	¥4288.85
17	2022/11/7	8856213	吴山	上海	¥2296.00
18	2022/11/8	8856146	董欣欣	上海	¥1835.70
19	2022/11/8	8856149	王欢	上海	¥800.00
20	2022/11/8	8856182	董欣欣	上海	¥265.35
21	2022/11/8	8856188	王欢	上海	¥1098.46
22	2022/11/8	8856204	孙晓	上海	¥1014.00
23	2022/11/8	8856225	董欣欣	上海	¥326.00
24	2022/11/9	8856216	孙晓	上海	¥940.50
25	2022/11/10	8856199	陈东	上海	2000.00

图 4-37 订单统计表

1. 自动筛选

自动筛选是 Excel 的一个易于操作且经常使用的实用技巧。自动筛选通常是按简单的条件进行筛选,筛选时将不满足条件的数据暂时隐藏起来,只显示符合条件的数据。

以在订单明细表中筛选来自北京的订单记录为例,具体操作方法为:选中数据区域中的任意一个单元格。单击【数据】选项卡,在【排序和筛选】组中单击【筛选】按钮,此时工作表进入筛选状态,各标题字段的右侧出现一个下三角按钮。单击【所在地区】字段右侧的下三角按钮,在弹出的筛选列表中撤选【全选】选项,取消所有地区的选项,勾选【北京】选项,单击【确定】按钮,来自北京地区的订单记录就筛选出来,并在筛选字段的右侧出现一个筛选按钮。

2. 自定义筛选

自定义筛选是指通过定义筛选条件，查询符合条件的数据记录。在 Excel 2013 中，自定义筛选包括日期、数字筛选和文本筛选。

例如，在订单明细表中筛选"2000＜＝订单金额＜＝6000"的订单记录。具体操作方法为：单击【数据】选项卡，在【排序和筛选】组中单击【筛选】按钮，取消之前的筛选。再次执行【筛选】命令，单击【订单金额】字段右侧的下三角按钮，在弹出的筛选列表中选择【数字筛选|大于或等于】选项，弹出【自定义自动筛选方式】对话框，将筛选条件设置为【大于或等于 5000】，单击【确定】按钮，订单金额"大于或等于 5000"的大额订单就被筛选出来。

3. 创建组分析各月数据

在数据透视表中，Excel 提供"创建组"功能，通过创建日期或时间组，设置以年、季度、月、日、时、分、秒等步长显示数据。

例如，按月统计和分析各部门发生的办公费用。具体操作方法为：将鼠标指针定位在任意一个日期上，单击鼠标右键，在弹出的快捷菜单中选择【创建组】命令，弹出【组合】对话框，在【步长】列表中选择【月】选项，单击【确定】，即可按月份汇总出各部门的办公费用。

4. 筛选不同颜色的数据

自动筛选功能不仅可以根据文本内容、数字、日期进行筛选，还可以根据数据的颜色进行筛选。

例如，本月发生的退货订单填充了黄色的背景色，根据颜色筛选退货订单。具体操作方法为：打开案例的素材文件，进入筛选状态，单击【定购日期】右侧的下三角按钮，在弹出的筛选列表中选择【按颜色排序|黄色】选项，此时所有填充了黄色底色的订单记录就筛选出来。

（三）按"部门"对差旅费进行分类汇总

Excel 提供"分类汇总"功能，该功能可以按照汇总条件对数据进行分类汇总。下面使用分类汇总功能，按【所属部门】对差旅费表进行分类汇总，如图 4-38 所示，统计各部门的差旅费使用情况。

1. 创建分类汇总

按照"所属部门"对工作表中的数据进行排序，然后按照"所属部门"对差旅费明细表的数据进行分类汇总。具体操作方法为：选中数据区域中的任意一个单元格，单击【数据】选项卡，在【排序和筛选】组中单击【排序】按钮，弹出【排序】对话框，在【主要关键字】下拉列表

	A	B	C	D	E	F	G
1	员工姓名	所属部门	费用产生日期	交通费用	住宿费用	膳食费用	费用总额
2	邹云	推广部	2022/8/12	1390	320	65	1775
3	周格	企划部	2022/8/14	180	728	238	1146
4	张三	销售部	2022/8/5	1750	1440	120	3310
5	张三	销售部	2022/8/17	2378	2780	4320	9478
6	孙晓曦	推广部	2022/8/11	2368	1364	386	4118
7	肖倩	推广部	2022/8/6	1160	0	0	1160
8	肖倩	推广部	2022/8/11	1050	486	1180	2716
9	王晓明	企划部	2022/8/7	0	218	980	1198
10	王晓明	企划部	2022/8/25	2368	180	86	2634
11	孙天	推广部	2022/8/30	1432	218	98	1748
12	彭飞	推广部	2022/8/17	0	246	110	356
13	彭飞	销售部	2022/8/10	1734	0	980	2714
14	彭飞	销售部	2022/8/14	2645	980	318	3943
15	罗丹	推广部	2022/8/31	880	620	160	1660
16	刘浩	推广部	2022/8/15	2000	480	0	2480
17	林强	企划部	2022/8/1	1124	820	2780	4724
18	林强	企划部	2022/8/15	1680	340	80	2100
19	李四	财务部	2022/8/7	1080	320	518	1918
20	李佳	推广部	2022/8/20	2495	480	76	3051
21	李贵	推广部	2022/8/28	2000	680	180	2860
22	李贵	推广部	2022/8/8	1750	830	462	3042
23	黄云	财务部	2022/8/21	40	480	40	560

图 4-38　差旅费表

中选择【所属部门】选项,在【次序】下拉列表中选择【降序】选项,单击【确定】按钮,工作表中的数据就会根据部门名称降序排列。选中数据区域中的任意一个单元格,单击【数据】选项卡,在【分级显示】组中单击【分类汇总】按钮,弹出【分类汇总】对话框,在【分类字段】下拉列表中选择【所属部门】选项,在【汇总方式】下拉列表中选择【求和】选项,在【选定汇总项】列表框中选中【交通费用】【住宿费用】【膳食费用】和【费用总额】选项,勾选【替换当前分类汇总】和【汇总结果显示在数据下方】复选框,单击【确定】按钮,按照所属部门对各部门的差旅费情况进行汇总,并显示第3级汇总结果。如果要查看第2级汇总,单击汇总区域左上角的数字按钮"2"即可。

分类汇总完成后的差旅费表,如图 4-39 所示。

2. 删除分类汇总

选中数据区域中的任意单元格,单击【数据】选项卡,在【分级显示】组中单击【分类汇总】按钮,弹出【分类汇总】对话框,单击【全部删除】,删除之前的分类汇总。

1 2 3		A	B	C	D	E	F	G
	1	员工姓名	所属部门	费用产生日期	交通费用	住宿费用	膳食费用	费用总额
	2	张　三	销售部	2022/8/5	1750	1440	120	3310
	3	张　三	销售部	2022/8/17	2378	2780	4320	9478
	4	彭　飞	销售部	2022/8/10	1734	0	980	2714
	5	彭　飞	销售部	2022/8/14	2645	980	318	3943
	6	郭　亮	销售部	2022/8/12	1430	250	780	2460
	7	杜　林	销售部	2022/8/23	1650	1180	643	3473
	8	杜　林	销售部	2022/8/12	2130	980	318	3428
	9	杜　林	销售部	2022/8/10	980	1080	465	2525
	10		销售部 汇总		14697	8690	7944	31331
	11	邹　云	推广部	2022/8/12	1390	320	65	1775
	12	孙晓曦	推广部	2022/8/11	2368	1364	386	4118
	13	肖　倩	推广部	2022/8/6	1160	0	0	1160
	14	肖　倩	推广部	2022/8/11	1050	486	1180	2716
	15	孙　天	推广部	2022/8/30	1432	218	98	1748
	16	彭　飞	推广部	2022/8/17	0	246	110	356
	17	罗　丹	推广部	2022/8/31	880	620	160	1660
	18	刘　浩	推广部	2022/8/15	2000	480	0	2480
	19	李　佳	推广部	2022/8/20	2495	480	76	3051
	20	李　贵	推广部	2022/8/28	2000	680	180	2860
	21	李　贵	推广部	2022/8/8	1750	830	462	3042
	22		推广部 汇总		16525	5724	2717	24966
	23	周　格	企划部	2022/8/14	180	728	238	1146

图 4-39　分类汇总完成后的差旅费表

（四）使用数据透视表分析数据

Excel 提供"数据透视表"功能，不但能够直观地反映数据之间的对比关系，而且具有很强的数据筛选和汇总功能。下面以订单明细表为例，介绍数据透视表的功能，如图 4-40 所示。

1. 按日期和区域统计与分析订单情况

根据销售订单明细，按日期和区域对订单明细进行统计与分析。具体操作方法为：打开"订单明细表.xlsx"工作表，将光标定位在数据区域中的任意单元格中，单击【插入】选项卡，在【表格】组中单击【数据透视表】按钮，弹出【创建数据透视表】对话框，单击【确定】按钮，系统自动在新的工作表中创建一个数据透视表的基本框架，并弹出【数据透视表字段】窗格。在【数据透视表字段】窗格中，将【所在地区】复选框拖动到【列】组合框中，将【订购日期】复选框拖动到【行】组合框中，将【订单金额】复选框拖动到【值】组合框中，即可根据选中的"定购日期"和"所在地区"字段生成数据透视表。

	A	B	C	D	E
1	定购日期	订单 ID	销售人员	所在地区	订单金额
2	2022/11/1	8856190	吴山	山东	1408.00
3	2022/11/2	8856189	孙晓	上海	910.40
4	2022/11/2	8856193	孙晓	上海	1733.06
5	2022/11/2	8856203	吴山	上海	15810.00
6	2022/11/2	8856207	孙晓	上海	2023.38
7	2022/11/2	8856211	孙晓	上海	1353.60
8	2022/11/3	8856196	董欣欣	上海	439.00
9	2022/11/3	8856198	吴山	上海	912.00
10	2022/11/3	8856206	吴山	山东	1809.75
11	2022/11/3	8856214	吴山	上海	69.60
12	2022/11/6	8856205	孙晓	上海	720.90
13	2022/11/6	8856209	陈东	上海	2772.00
14	2022/11/6	8856217	吴山	上海	1196.00
15	2022/11/7	8856173	赵云云	北京	458.74
16	2022/11/7	8856212	孙晓	上海	4288.85
17	2022/11/7	8856213	吴山	上海	2296.00
18	2022/11/8	8856146	董欣欣	上海	1835.70
19	2022/11/8	8856149	王欢	上海	800.00
20	2022/11/8	8856182	董欣欣	上海	265.35
21	2022/11/8	8856188	王欢	上海	1098.46
22	2022/11/8	8856204	孙晓	上海	1014.00
23	2022/11/8	8856225	董欣欣	上海	326.00
24	2022/11/9	8856216	孙晓	上海	940.50
25	2022/11/10	8856199	陈东	上海	2220.00

图 4-40　订单明细表

2. 按业务员和区域统计与分析订单情况

在【数据透视表字段】窗格中,单击【行】组合框中的【定购日期】选项,在弹出的菜单中选择【删除字段】命令将其删除,将【销售人员】复选框拖动到【行】组合框中,即可根据选中的"销售人员"和"所在地区"字段生成数据透视表。

3. 查看数据透视表中的数据明细

数据透视表中的数据是根据各字段进行汇总后的结果,执行【显示详细信息】命令可查看某个汇总数据的详细信息。打开本案例的素材文件,在数据透视表中任意一个汇总数据上单击鼠标右键,在弹出的快捷菜单中选择【显示详细信息】命令,即可根据汇总数据生成一个明细数据表,显示与汇总数据相关的所有的源数据。

制作完成后的数据透视表,如图 4-41 所示。

	A	B	C	D	E	
1						
2						
3	求和项:订单金额	列标签				
4	行标签	北京	山东	上海	总计	
5	陈东		2220	13927.1	16147.1	
6	董欣欣		6576.68	9501.98	16078.66	
7	刘亚东	3861.45			3861.45	
8	孙晓		10099.5	26136.37	36235.87	
9	王欢		248	10128.17	10376.17	
10	吴山		4095.47	25341.5	29436.97	
11	许文康	21328.29			21328.29	
12	赵伟	210			210	
13	赵云云	9227.43			9227.43	
14	总计	34627.17	23239.65	85035.12	142901.94	
15						

图 4-41　制作完成后的数据透视表

（五）综合案例：统计并分析部门费用

排序、筛选、分类汇总及数据透视表功能在数据统计和分析工作中发挥着重要的作用。结合部门费用统计表，如图 4-42 所示，使用数据分析工具，统计和分析各部门的办公费用。

1. 按日期对办公费用记录进行排序

按日期对办公费用记录升序排列的具体操作方法为：打开"部门费用统计表.xlsx"工作表，选中【时间】列中的任意一个单元格，单击【数据】选项卡，在【排序和筛选】组中单击【升序】按钮，销售数据就会按照【时间】进行升序排序。

2. 筛选企划部的办公费用使用情况

筛选各部门的办公费用使用情况的具体操作方法为：选中数据区域中的任意一个单元格，单击【数据】选项卡，在【排序和筛选】组中单击【筛选】按钮，工作表进入筛选状态，各标题字段的右侧出现一个下三角按钮，单击【所属部门】字段右侧的下三角按钮，在弹出的筛选列表中撤选【全选】选项取消所有部门的选项，勾选【企划部】选项，单击【确定】按钮，企划部的办公费用明细就被筛选出来。

3. 按部门和费用类别透视分析办公费用

将光标定位在数据区域的任意单元格中，单击【插入】选项卡，在【表格】组中单击【数据透视表】按钮，弹出【创建数据透视表】对话框，单击【确定】按钮，系统会自动在新的工作表中创建一个数据透视表的基本框架，并弹出【数据透视表字段】窗格。在【数据透视表字段】窗口中，将【费用类别】复选框拖动到【列】组合框中，将【所属部门】复选框拖动到【行】组合框中，将【金额】复选框拖动到【值】组合框中，此时即可根据选中的【费用类别】和【所属部

	A	B	C	D	E	F
1	时间	员工姓名	所属部门	费用类别	金额	备注
2	2022/8/14	张三	市场部	差旅费	2100	北京
3	2022/8/4	陆新	办公室	办公费	550	办公用笔
4	2022/8/5	宋杰	研发部	办公费	320	打印机墨盒
5	2022/8/6	孙韵	企划部	办公费	750	打印纸
6	2022/8/7	王振	企划部	办公费	820	鼠标
7	2022/8/15	李四	市场部	差旅费	1600	武汉
8	2022/8/1	陈四望	市场部	招待费	1200	江海宾馆
9	2022/8/30	郝大勇	企划部	宣传费	500	在商报做广告
10	2022/8/16	刘新	研发部	差旅费	2400	上海
11	2022/8/8	周浩	办公室	办公费	430	培训费
12	2022/8/17	令德旺	研发部	差旅费	2100	深圳
13	2022/8/2	罗兰	企划部	招待费	500	电影费
14	2022/8/18	孙韵	企划部	差旅费	1000	武汉
15	2022/8/19	王振	企划部	差旅费	2100	广州
16	2022/8/9	舒雄	办公室	办公费	800	办公书柜
17	2022/8/20	高晓露	市场部	差旅费	1200	武汉
18	2022/8/10	吴林玉	办公室	办公费	700	墨盒
19	2022/8/21	王振	企划部	差旅费	1700	武汉
20	2022/8/22	李四	市场部	差旅费	2500	北京
21	2022/8/23	陈四望	市场部	差旅费	2400	青海
22	2022/8/3	郝大勇	企划部	招待费	1100	农家乐餐饮
23	2022/8/11	刘新	研发部	办公费	900	办公桌
24	2022/8/12	周浩	办公室	办公费	600	刻录盘
25	2022/8/31	令德旺	研发部	宣传费	1850	海报宣传

图 4-42　部门费用统计表

门】字段生成数据透视表,如图 4-43 所示。

	A	B	C	D	E	F
1						
2						
3	求和项:金额	列标签				
4	行标签	办公费	差旅费	宣传费	招待费	总计
5	办公室	3080	1300			4380
6	企划部	1570	12550	500	2500	17120
7	市场部		9800		1200	11000
8	研发部	1720	4500	1850		8070
9	总计	6370	28150	2350	3700	40570
10						

图 4-43　制作完成后的数据透视表

六、Excel 2013 图表的应用与操作

Excel 图表是数据的形象化表达，使用图表功能可以更加直观地展现数据，使数据更具说服力。本知识点以制作广告费用统计表、订单统计图、迷你图和数据透视图表为例，介绍图表在数据统计与分析中的应用。

知识点 41——
Excel 2013 图表
的应用与操作

（一）创建和编辑广告费用统计图

Excel 2013 提供了多种图表类型供用户选择，如柱形图、折线图、条形图、饼图等。此外，Excel 还提供了图表的编辑和美化工具，帮助用户制作出精美的图表。下面以创建和编辑广告费用统计图为例，介绍创建图表的方法，原数据表如图 4-44 所示。

	A	B
1	月份	广告费用
2	1月	5420
3	2月	4440
4	3月	2000
5	4月	1500
6	5月	3222
7	6月	5000
8	7月	6000
9	8月	3000
10	9月	2100
11	10月	8500
12	11月	4500
13	12月	5600

图 4-44　广告费用原数据表

1. 创建统计图

在 Excel 2013 中创建图表的方法非常简单，因为系统自带了很多图表类型，用户只需根据实际需要选择图表类型，然后插入图表完成创建。

具体操作方法为：打开"广告费用原数据表.xlsx"工作表，选中单元格区域 A1：B13，单击【插入】选项卡，在【图表】组中单击【柱形图】按钮，在弹出的下拉列表中选择【簇状柱形图】选项，此时即可根据源数据创建一个簇状柱形图。

2. 编辑统计图

插入图表后，接下来就可以通过修改图表标题、更改图表类型、调整图表布局等方式编辑图表。

具体操作方法为：选中图表，将图表标题改为"广告费用统计图"，在【图表工具】栏中单击【设计】选项卡，在【类型】组中单击【更改图表类型】按钮，弹出【更改图表类型】对话框，单击【饼图】选项卡，选择【三维饼图】选项，单击【确定】按钮，将图表修改为三维饼图。选中图表，在【图表工具】栏中单击【设计】选项卡，在【图标布局】组中单击【快速布局】按钮，在弹出的下拉列表中选择【布局6】选项，图表即应用【布局6】的样式。

3. 设置统计图格式

图表编辑完成后，可以通过应用内置图表样式、更改颜色等方式来修饰和美化图表，具体操作方法为：选中图表，在【图表工具】栏中单击【设计】选项卡；在【图表样式】组中单击【快速样式】按钮，在弹出的下拉列表中选择【样式6】选项。此时图表就会应用选中的【样式6】。选中图表，在【图表工具】栏中单击【设计】选项卡，在【图表样式】组中单击【更改颜色】按钮，在弹出的下拉列表中选择【颜色4】选项。此时图标就会应用【颜色4】的效果。

制作完成后的广告费用统计图，如图4-45所示。

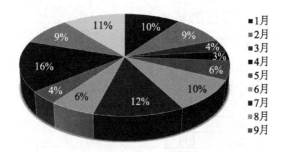

图4-45　制作完成后的广告费用统计图

（二）创建并美化统计图

Excel 2013新增了"推荐的图表"和"图表按钮"功能，使用新增功能可以快速创建并美化图表。下面以员工学历统计原数据表为例，介绍如何创建并美化统计图，如图4-46所示。

	A	B	C	D	E
1	部门	博士	硕士	本科	本科以下
2	人力资源部	4	7	4	8
3	财务部	5	5	3	7
4	销售部	3	6	5	6
5	采购部	3	4	11	12
6	业务部	5	4	5	8
7					

图4-46　员工学历统计原数据表

1. 使用推荐的图表创建统计图

具体操作方法为：打开"员工学历统计原数据表.xlsx"工作表，选中数据区域 A1：E6，单击【插入】选项卡，在【图表】组中单击【推荐的图表】按钮，弹出【插入图表】对话框，对话框中给出了多种推荐的图表，用户根据需要进行选择。例如：选择"堆积条形图"，单击【确定】按钮，生成选择的图表，并将图表标题改为"员工学历统计图"。

2. 用新增的图表按钮快速设置统计图

Excel 2013 还可以通过新增的图表按钮快速更改图表元素、图表样式和图表筛选器，从而自定义图表布局。

具体操作方法为：选中图表，在图表的右上角单击【图表元素】按钮，在弹出的【图表元素】列表中选择【数据标签|居中】选项，为图表添加剧中的数据标签。选中图表，在图表的右上角单击【图表样式】按钮，在弹出的【样式】列表中选择【样式 2】选项，此时图表就会应用【样式 2】的样式效果。选中图表，在图表的右上角单击【图表筛选器】按钮，在弹出的列表中的【类别】组合框中勾选【人力资源部】【财务部】【销售部】复选框，单击【应用】按钮设置完毕。员工学历统计图的最终效果，如图 4-47 所示。

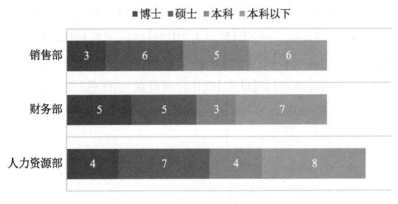

图 4-47　员工学历统计图的最终效果

（三）使用迷你图分析年度销售状况

迷你图是绘制在单元格中的一个微型图表，可以直观地反映数据系列的变化趋势。创建迷你图后，还可以根据需要对迷你图进行自定义，如高亮显示最大值和最小值、调整迷你图颜色等。下面以年度销售统计原表为例，介绍迷你图功能，如图 4-48 所示。

1. 创建迷你图

打开"年度销售统计原表.xlsx"工作表，选中单元格 F2，单击【插入】选项卡，在【迷你

	A	B	C	D	E	F
1	地区	第一季度	第二季度	第三季度	第四季度	迷你图
2	东部	640	720	823	524	
3	西部	547	278	564	765	
4	南部	710	342	652	241	
5	北部	468	574	433	598	

图4-48　年度销售统计原表

图】组中单击【折线图】按钮,弹出【创建迷你图】对话框,在【数据范围】文本框中将数据范围设置为"B2：E2",单击【确定】按钮,即可在单元格F2中插入一个迷你图。选中单元格F2,将鼠标指针移动到单元格的右下角,鼠标指针变成十字形状时,按住鼠标右键向下拖动到单元格F5,将迷你图填充到选中的单元格区域中。

2. 编辑迷你图

选中数据区域中的任意一个单元格,单击【设计】选项卡,在【样式】组中单击【其他】按钮,在弹出的样式列表中选择【迷你图样式彩色♯4】选项。选中迷你图,在【迷你图工具】栏中,单击【设计】选项卡,选中【显示】组中的【高点】和【低点】复选框。选中迷你图,在【迷你图工具】栏中,单击【设计】选项卡,单击【样式】组中的【标机颜色】按钮,在弹出的列表中选择【高点|红色】选项,单击【样式】组中的【标机颜色】按钮,在弹出的列表中选择【低点|蓝色】选项,即可将迷你图的【高点】和【低点】颜色分别设置为"红色"和"蓝色"。

制作完成后的迷你图,如图4-49所示。

	A	B	C	D	E	F
1	地区	第一季度	第二季度	第三季度	第四季度	迷你图
2	东部	640	720	823	524	
3	西部	547	278	564	765	
4	南部	710	342	652	241	
5	北部	468	574	433	598	

图4-49　制作完成后的迷你图

(四) 制作数据透视图

Excel具有数据透视图功能,通过数据透视图可以直观地反映数据的对比关系,而且具有很强的数据筛选和汇总功能。下面以销售数据原表为例,介绍如何制作数据透视图,如图 4-50 所示。

	A	B	C	D	E	F
1	销售日期	产品名称	销售区域	销售数量	产品单价	销售额
2	2022/7/19	液晶电视	北京分部	75台	¥8,000	¥600,000
3	2022/7/28	液晶电视	北京分部	65台	¥8,000	¥520,000
4	2022/7/12	液晶电视	北京分部	60台	¥8,000	¥480,000
5	2022/7/8	冰箱	北京分部	100台	¥4,100	¥410,000
6	2022/7/5	饮水机	北京分部	76台	¥1,200	¥91,200
7	2022/7/18	液晶电视	上海分部	85台	¥8,000	¥680,000
8	2022/7/1	液晶电视	上海分部	59台	¥8,000	¥472,000
9	2022/7/30	冰箱	上海分部	93台	¥4,100	¥381,300
10	2022/7/29	洗衣机	上海分部	78台	¥3,800	¥296,400
11	2022/7/2	冰箱	上海分部	45台	¥4,100	¥184,500
12	2022/7/25	电脑	上海分部	32台	¥5,600	¥179,200
13	2022/7/10	电脑	上海分部	30台	¥5,600	¥168,000
14	2022/7/22	洗衣机	上海分部	32台	¥3,800	¥121,600
15	2022/7/14	饮水机	上海分部	90台	¥1,200	¥108,000
16	2022/7/27	饮水机	上海分部	44台	¥1,200	¥52,800
17	2022/7/17	冰箱	天津分部	95台	¥4,100	¥389,500
18	2022/7/16	电脑	天津分部	65台	¥5,600	¥364,000
19	2022/7/15	空调	天津分部	70台	¥3,500	¥245,000
20	2022/7/4	空调	天津分部	69台	¥3,500	¥241,500
21	2022/7/31	空调	天津分部	32台	¥3,500	¥112,000
22	2022/7/6	饮水机	天津分部	90台	¥1,200	¥108,000
23	2022/7/11	饮水机	天津分部	40台	¥1,200	¥48,000
24	2022/7/21	饮水机	天津分部	12台	¥1,200	¥14,400
25	2022/7/3	电脑	广州分部	234台	¥5,600	¥1,310,400

图 4-50　销售数据原表

1. 创建数据透视图

打开"销售数据原表.xlsx"工作表,选中数据区域中的任意一个单元格,单击【插入】选项卡,在【图表】组中单击【数据透视图】按钮,在弹出的下拉列表中选择【数据透视图】选项,弹出【创建数据透视图】对话框,单击【确定】按钮在新工作表中创建"数据透视表"和"数据透视图"框架,并弹出【数据透视图字段】窗格。在【数据透视图字段】窗格中,将【销售区域】复选框拖动到【轴(类别)】组合框中,将【销售数量】和【销售额】复选框拖动到【值】组合框中,此时即可根据选中的【销售区域】【销售数量】和【销售额】字段生成【数据透视表】和【数据透视图】。选中图表,在【数据透视图工具】栏中,单击【设计】选项卡,在【图表样式】组中单击【快速样式】按钮,在弹出的下拉列表中选择【样式 10】选项,图表就会应用【样式 10】的效果。

2. 设置双轴销售图表

在制作 Excel 图表时,如果有两个以上数据系列,可以制作两个 Y 轴的图表,即双纵轴图表,每个 Y 轴有不同的刻度,且图表包含多种类型与样式。

设置双轴图表的具体操作方法为:选中要设置次坐标轴的系列图表,单击鼠标右键,在弹出的快捷菜单中选择【设置数据系列格式】命令,在工作表的右侧弹出【弹出数据系列格式】窗格,单击【系列选项】按钮,选中【次坐标轴】单选钮,即可为选中的数据系列添加次坐标轴,形成双轴图表。

3. 更改组合图表的类型

组合图表通常包含两个以上系列及图表类型。

更改其中一个数据系列的图表类型的具体操作方法为:选中图表区域,单击鼠标右键,选择【更改图表类型】命令,弹出【更改图表类型】对话框,单击【系列名称】中的【求和项:销售数量】右侧的下三角按钮,在弹出的列表中选择【折线图】选项,单击【确定】按钮,此时系列【求和项:销售数量】的图表类型就修改为折线图。

制作完成后的销售数据透视表,如图 4-51 所示。

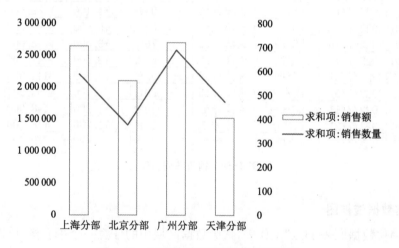

图 4-51　制作完成后的销售数据透视表

(五) 进阶操作

1. 快速分析图表

快速分析是 Excel 2013 推出的一个新功能,可以帮助用户快速地将数据进行统计和分析,并转化为各种图表。使用快速分析快速创建统计图表。

具体的操作方法为:打开 Excel 电子表格,选中要进行快速分析的数据区域,单击数据区域右下角的【快速分析】按钮,弹出【快速分析】界面,单击【图表】选项卡,选择【簇状柱形图】。

2. 让折线图变成平滑线

制作 Excel 图表时,可以通过 Excel 的"平滑线"功能使折线图的拐点变得平滑,使图表更加美观。

设置平滑线的具体操作方法为:打开 Excel 电子表格,选中折线,单击鼠标右键,在弹出的快捷菜单中选择【设置数据系列格式】命令。在弹出的【设置数据系列格式】窗格中,单击【填充线条】按钮,勾选【平滑线】复选框,选中的折线就变成了平滑线。

3. 保存图表模板

如果想重复使用自定义图表,可将制作完成的图表另存为图表模板(＊.crtx)。若 Excel 2013【图表工具】功能区中不显示【另存为模板】命令,右键单击图表可找到该命令。

将图表另存为模板的具体操作为:打开 Excel 电子表格,选中需要另存为模板的图表,单击鼠标右键,在弹出的快捷菜单中选择【另存为模板】命令,弹出【保存图表模板】对话框,在【文件名】文本框中将文件名设置为"饼图 1.crtx",单击【保存】按钮完成设置。创建图表时,打开【更改图表类型】对话框,单击【所有图表】选项卡,选择【模板】选项,找到自定义的模板,直接使用即可。

(六) 综合案例:使用组合框和函数制作动态图表

使用组合框和 VLOOKUP 函数也可以制作简单的动态图表。通过制作下拉列表引用数据,插入图表,设置组合框控件,即可生成由组合框控制的动态图表。下面以办公费用原表为例,介绍如何使用组合框和函数制作动态图表,如图 4-52 所示。

	A	B	C	D	E
1		办公费	差旅费	宣传费	招待费
2	第一季度	3080	2570	2000	5720
3	第二季度	5300	12550	9800	4500
4	第三季度	8000	5520	4520	1850
5	第四季度	4900	2500	1200	8250

图 4-52 办公费用原表

1. 制作下拉列表引用数据

打开"办公费用原表.xlsx"工作表,选中单元格区域 B1:E1,按【Ctrl+C】组合键;选中单元格区域 A8:A11,单击鼠标右键,在弹出的快捷菜单中选择【粘贴|转置】选项,将选中的内容转置到单元格区域 A8:A11 中。选中单元格 B7,单击【数据】选项卡,在【数据工具】组中单

击【数据验证】按钮,在弹出的下拉列表中选择【数据验证】选项,弹出【数据验证】对话框,在【允许】下拉列表中选择【序列】选项,在【来源】文本框中输入数据来源"=＄A＄2：＄A＄5",单击【确定】按钮,单元格 B7 的右侧出现一个下三角按钮,在下拉列表中选择相关选项。选中单元格区域 B8：B11,在【编辑栏】中输入公式"＝VLOOKUP(＄B＄7,＄2：＄5,ROW()－6,0)"。按【Ctrl＋Shift＋Enter】组合键,输入的公式变为数组公式,单击单元格 B7 右侧的下三角按钮选择【第一季度】选项,即可将各种办公费用引用到下方的单元格区域中。

2. 插入图表

选中单元格区域 A7：B11,单击【插入】选项卡,在【图表】组中单击【柱形图】按钮,在弹出的下拉列表中选择【簇状柱形图】选项,插入一个簇状柱形图,将图表标题设置为"办公费用统计图"。

3. 设置组合框控件

在工作表中插入组合框控件,设置组合框控件的属性。

具体操作方法为:选中工作表中的任意单元格,单击【开发工具】选项卡,在【控件】组中单击【插入】按钮,在弹出的下拉列表中单击【组合框(ActiveX 控件)】按钮,拖动鼠标绘制一个组合框控件,选中控件,单击【控件】组中的【属性】按钮。弹出【属性】对话框,在【LinkedCell】右侧的文本框中输入"办公费用统计! B7",在【ListFillRange】右侧的文本框中输入"办公费用统计! A2：A5",单击【关闭】按钮返回工作表,在【控件】组中单击【设计模式】按钮,退出设计模式。单击组合框按钮,在弹出的下拉列表中选择【第二季度】选项。此时即可根据第二季度的数据生成新的图表。

制作完成后的动态图表,如图 4-53 所示。

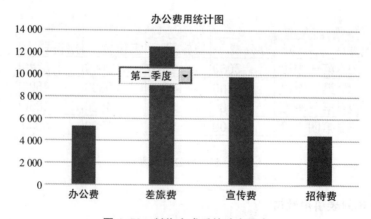

图 4-53　制作完成后的动态图表

习　题　四

一、选择题

1. 在 Excel 2013 中,选定多个不连续的行所用的键是(　　　)。

A. Shift　　　　　B. Ctrl　　　　　C. Alt　　　　　D. Shift+Ctrl

2. 在 Excel 2013 中,若在工作表中插入一列,则一般新增列在当前列的(　　　)。

A. 左侧　　　　　B. 上方　　　　　C. 右侧　　　　　D. 下方

3. 在 Excel 2013 中,对工作表使用"重命名"命令后,下面说法正确的是(　　　)。

A. 只改变工作表的名称　　　　　　B. 只改变它的内容

C. 既改变名称又改变内容　　　　　D. 既不改变名称又不改变内容

4. 在 Excel 2013 中,下面哪一个选项不属于【设置单元格格式】对话框中【数字】选项卡中的内容(　　　)。

A. 字体　　　　　B. 货币　　　　　C. 日期　　　　　D. 自定义

5. 在 Excel 2013 中,取消工作表的自动筛选后(　　　)。

A. 工作表的数据消失　　　　　　　B. 工作表恢复原样

C. 只剩下符合筛选条件的记录　　　D. 不能取消自动筛选

6. 在 Excel 2013 中,在单元格中输入 3/5,Excel 会认为是(　　　)。

A. 分数 3/5　　　B. 日期 3 月 5 日　　　C.小数 3.5　　　D. 错误数据

7. 已知 Excel 2013 某工作表中的 D1＝10,D2＝2,D3＝3,D4＝D1－D2＊D3,则 D4 的值为(　　　)。

A. 10　　　　　　B. 6　　　　　　C. 4　　　　　　D. 21

8. 在 Excel 2013 中,函数 MIN(10,7,12,0)的返回值是(　　　)。

A. 10　　　　　　B. 7　　　　　　C. 12　　　　　　D. 0

9. 在 Excel 2013 中,仅把某单元格的批注复制到其他单元格中,方法是(　　　)。

A. 复制原单元格,到目标单元格执行粘贴命令

B. 复制原单元格,到目标单元格执行选择性粘贴命令

C. 使用格式刷

D. 将两个单元格链接起来

10. 在 Excel 2013 中,录入身份证号时,数字分类应选择格式(　　　)。

A. 常规　　　　　B. 数字(值)　　　　　C. 科学计数　　　　　D. 文本

二、判断题

1. 在 Excel 2013 中,单元格是由行与列交汇形成的,并且每一个单元格的地址是唯一的。   (   )

2. 在 Excel 2013 中,只能添加工作表,不能删除和隐藏工作表。   (   )

3. 在 Excel 2013 中,在一个单元格中输入 2/7,则表示为数值七分之二。   (   )

4. 在 Excel 2013 中,在一个单元格中输入(100),则单元格显示为−100。   (   )

5. 在 Excel 2013 中,同一张工作簿不能引用其他工作表。   (   )

第五章

PowerPoint 2013

PowerPoint 是微软公司开发的演示文稿程序,主要用于课堂教学、专家培训、产品发布、广告宣传、商业演示及远程会议等。

一、PowerPoint 2013 的基本操作

本知识点以制作公司营销计划演示文稿和企业文化宣传幻灯片为例,介绍演示文稿和幻灯片的基本操作。

(一) 创建演示文稿

PowerPoint 2013 自带多种演示文稿的联机模板,如相册、日历、商务、自然等。用户可以根据需要选择并下载模板,创建演示文稿。创建演示文稿后,根据需要执行"插入幻灯片""更改幻灯片版式"及"移动和复制幻灯片"等操作。

1. 新建演示文稿

使用联机模板新建演示文稿的具体操作方法为:在桌面上双击"PowerPoint 2013"图标。进入"PowerPoint 2013"创建界面,在搜索文本框中输入文字"营销",单击【开始搜索】按钮,可搜索出关于【营销】的所有 PowerPoint 模板,如图 5-1 所示。选择【营销计划】模板,弹出模板预览窗口,即可看到【营销计划】模板的预览效果,单击【创建】,可根据选中的模板创建一个名为"演示文稿 1"的文件,单击【保存】,进入【另存为】界面,选择【计算机】选项,单击【浏览】按钮,弹出【另存为】对话框,选择合适的保存位置,将【文件名】设置为"公司营销计划.pptx",单击【保存】按钮。此时,演示文稿的名称就修改为"公司营销计划.pptx"。

2. 新建幻灯片

在左侧幻灯片窗格中选中要插入新幻灯片的第 3 张幻灯片,单击【开始】选项卡,在【幻灯片】组中单击【新建幻灯片】按钮,在弹出的下拉列表中选择【标题和两栏内容】选项,如图 5-2 所示。即可在第 3 张幻灯片的下方插入一个新幻灯片,并自动应用选中的幻灯片版式。

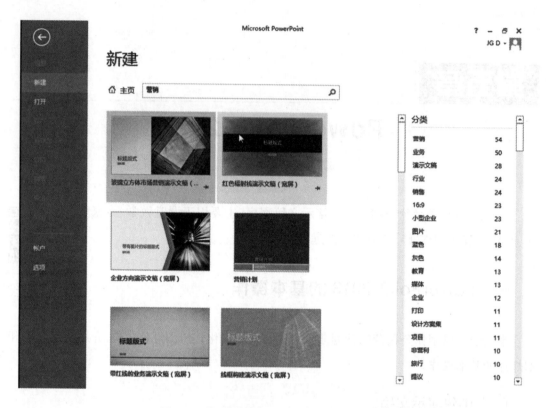

图 5-1 关于【营销】的所有 PowerPoint 模板

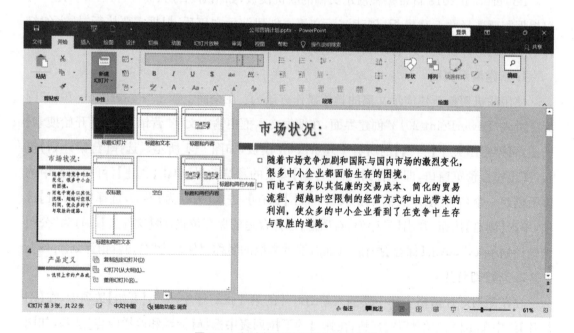

图 5-2 新建标题和两栏内容幻灯片

3. 更改幻灯片版式

选中要更改版式的第 4 张幻灯片,单击【开始】选项卡,在【幻灯片】组中单击【版式】按钮,在弹出的下拉列表中选择【标题和内容】选项,如图 5-3 所示。此时选中的第 4 张幻灯片就应用了【标题和内容】版式。

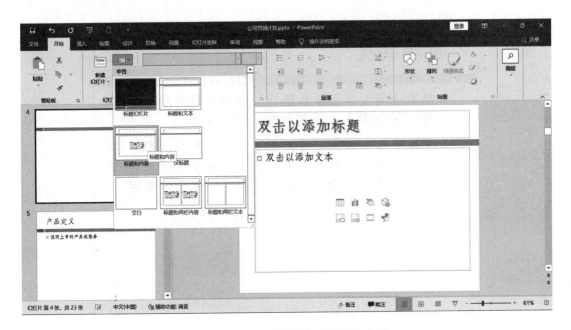

图 5-3　更改幻灯片版式为标题和内容

4. 移动与复制幻灯片

选中要复制的第 4 张幻灯片,单击鼠标右键,在弹出的快捷菜单中选择【复制幻灯片】命令,即可在选中的幻灯片的下方复制一个格式和内容与第 4 张幻灯片相同的幻灯片。选中刚刚复制的第 5 张幻灯片,按住鼠标左键不放,将其拖动到第 3 张幻灯片的位置,释放鼠标按键,即可将选中的幻灯片移动到第 3 张幻灯片的位置。

(二) 为幻灯片添加内容

幻灯片的内容通常由文字、图片、自选图形、表格和图表等一个或多个元素组成。下面以"公司营销计划"演示文稿为例,介绍如何设置幻灯片中的文字、图片、自选图形、表格和图表的方法。

1. 在文本框中添加与设置文本

通过模板创建的幻灯片通常包含标题文本框或正文文本框,可在其中设置文本,具体操作方法为:打开"公司营销计划.pptx",在左侧幻灯片窗格中选中第 3 张幻灯片,在幻灯片界面中选中【单击此处添加标题】文本框,在【单击此处添加标题】文本框中输入文本"市场状况"。在标题文本框下方单击【单击此处添加文本】文本框,输入文本段落,按【Enter】键,可重新开始一个带有项目符号的段落,然后输入段落内容。添加内容后的幻灯片,如图5-4所示。

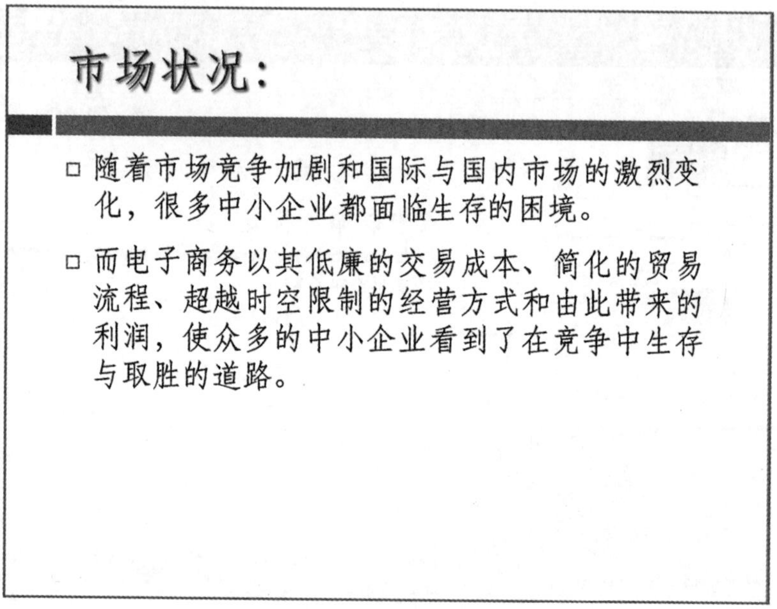

市场状况:

- □ 随着市场竞争加剧和国际与国内市场的激烈变化,很多中小企业都面临生存的困境。
- □ 而电子商务以其低廉的交易成本、简化的贸易流程、超越时空限制的经营方式和由此带来的利润,使众多的中小企业看到了在竞争中生存与取胜的道路。

图 5-4　添加内容后的幻灯片

2. 为幻灯片插入与设置图片

在左侧幻灯片窗格中选中第 5 张幻灯片,在标题文本框中输入文本"产品展示",在下方的文本框中单击【图片】按钮,弹出【插入图片】对话框,在素材文件中选择"图片 1.jpg",单击【插入】,此时即可将选中的图片插入到幻灯片中。选中图片,在【图片工具】栏中单击【格式】选项卡,在【图片样式】组中单击【快速样式】按钮,在弹出的下拉列表中选择【棱台亚光,白色】选项,为图片应用选中的样式。幻灯片插入与设置图片后的效果,如图 5-5 所示。

3. 插入与设置自选图形

在左侧幻灯片窗格中选中第 6 张幻灯片,单击【开始】选项卡,在【幻灯片】组中单击【新建幻灯片】按钮,在弹出的下拉列表中选择【空白】选项,可在第 6 张幻灯片的下方新建一个空白幻灯片。选中第 7 张幻灯片,单击【插入】选项卡,在【插图】组中单击【形状】按钮,在弹出的下拉列表中选择【五边形】选项。拖动鼠标可在空白幻灯片中绘制一个五边形,输入文字"优势",并对字体格式进行简单的设置。选中五边形,在【绘图工具】栏中单击【格式】选项卡,在【形状样式】组中单击【其他】按钮,在弹出的下拉列表中选择【中等效果|橙色,强调

图 5-5　幻灯片插入与设置图片后的效果

颜色 2】选项。设置完毕，图形就会应用【中等效果|橙色，强调颜色 2】的效果。使用同样的方法插入矩形框，并输入文字，设置文字格式，完成案例。幻灯片插入与设置自选图形后的效果，如图 5-6 所示。

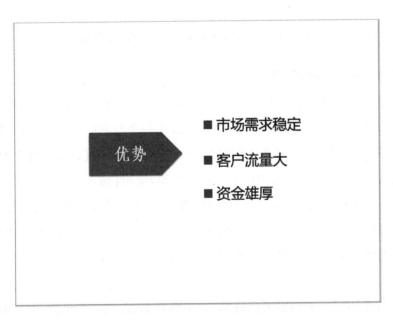

图 5-6　幻灯片插入与设置自选图形后的效果

4. 在幻灯片中插入与设置表格

在左侧幻灯片窗格中选中第16张幻灯片,单击【插入】选项卡,在【表格】组中单击【表格】按钮,在弹出的表格面板中拖动鼠标,选择一个"4x4 表格",可在幻灯片中插入一个4行4列的表格。将表格拖动到合适位置,在表格中输入数据,单击【开始】选项卡,在【段落】组中单击【居中】按钮。在幻灯片中插入与设置表格后的效果,如图5-7所示。

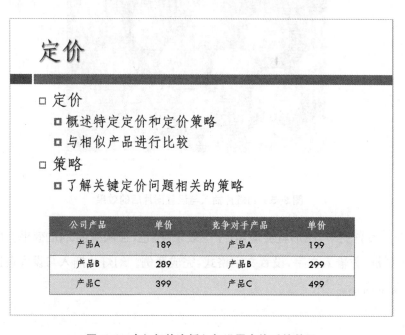

图5-7　在幻灯片中插入与设置表格后的效果

5. 在幻灯片中插入与设置图表

在左侧幻灯片窗格中选中第7张幻灯片,单击鼠标右键,在弹出的快捷菜单中选择【复制幻灯片】命令,可在第7张幻灯片的下方新建一个与它版式和内容相同的幻灯片。选中第8张幻灯片,按【Ctrl】键选中幻灯片中的所有对象,按【Del】键将它们全部删除。单击【插入】选项卡,在【插图】组中单击【图表】按钮,弹出【插入图表】对话框,选择【簇状柱形图】选项,单击【确定】按钮,可在幻灯片中插入簇状柱形图,并弹出一个电子表格窗口。在电子表格窗口中输入数据,并删除多余的系列,幻灯片中的图表会随着电子表格中的数据变化而变化。最后将图表标题修改为"市场份额不断增加",效果如图5-8所示。

PPT图表是PPT文稿的重要组成部分,包括数据表、图示等形式,又可分为饼图、柱形图、折线图等。图表中的每一组数据都有一个依据,以横标和纵标为基准,形成递减、递增或其他弧形图像,使PPT在数据表达上更形象、生动。

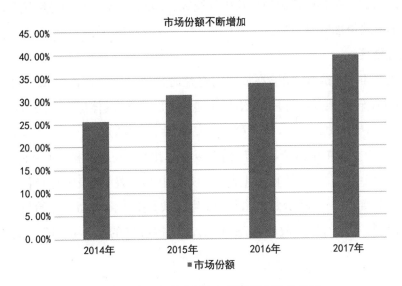

图 5-8　在幻灯片中插入与设置图表后的效果

（三）为幻灯片添加多媒体文件

设计和编辑幻灯片时,可以使用音频、视频等多媒体文件为幻灯片配置声音、添加视频,从而制作出更具感染力的多媒体演示文稿。

1. 插入视频文件

打开"公司营销计划.pptx",选中第 22 张幻灯片,单击【插入】选项卡,在【媒体】组中单击【视频】按钮,在弹出的下拉列表中选择【PC 上的视频】选项,弹出【插入视频文件】对话框,选中要插入的视频文件,单击【插入】。此时即可在幻灯片中插入选中的视频文件,选中视频文件,单击【播放】按钮,视频进入播放装套。

2. 插入音频文件

选中第 1 张幻灯片,单击【插入】选型卡,在【媒体】组中单击【音频】按钮,在弹出的下拉列表中选择【PC 上的音频】选项,弹出【插入音频】对话框,选中要插入的音频文件,单击【插入】。此时即可在幻灯片中插入选中的音频文件,选中音频文件,单击【播放】,音频进入播放状态。选中音频文件,在【音频工具】栏中单击【播放】选项卡,在【音频样式】组中单击【在后台播放】按钮,选中音频文件,单击【幻灯片放映】选项卡,在【开始放映幻灯片】组中单击【从头开始】按钮,即可放映幻灯片,并循环播放音频文件。

（四）为幻灯片插入链接和动作按钮

PowerPoint 2013 提供了超链接和动作按钮,可以在放映演示文稿时,快速切换幻灯片,控制幻灯片的上下翻页,控制幻灯片中的视频、音频等元素。使用超链接和动作按钮可以让幻灯片的放映更加顺利流畅。

1. 插入超链接

在幻灯片中插入超链接,能够在放映幻灯片时快速转到指定的网站或打开指定的文件,也可以直接跳转至某张幻灯片,使幻灯片播放更加灵活,具体操作方法为:

打开"公司营销计划.pptx",选中第 2 张幻灯片,选中幻灯片中的文本框,单击鼠标右键,在弹出的快捷菜单中选择【超链接】命令。弹出【插入超链接】对话框,在【链接到】组中选择【本文档中的位置】选项,在【请选择文档中的位置】列表中选择【8.幻灯片 8】选项,单击【确定】,如图 5-9 所示。单击【幻灯片放映】选项卡,单击【开始放映幻灯片】组中的【从头开始】,进入幻灯片放映状态,单击设置超链接的文本框,即可跳转到第 8 张幻灯片。

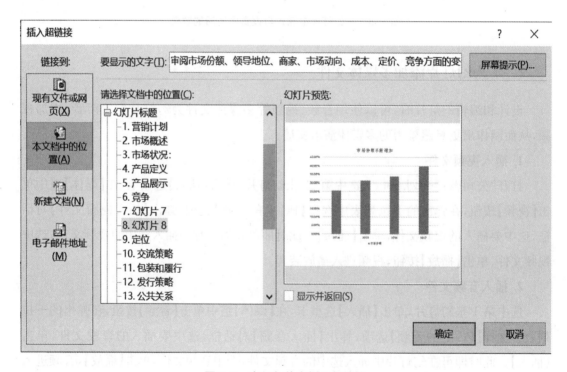

图 5-9　在幻灯片中插入超链接

2. 添加动作按钮

在幻灯片中适当地添加动作按钮与动作链接操作,以方便对幻灯片进行翻页或跳转操作,具体操作方法为:选中第 4 张幻灯片,单击【插入】选项卡,在【插图】组中单击【形状】,在弹出的下拉列表中选择【动作按钮:后退或前一项】选项,如图 5-10 所示。此时在幻灯片中拖动鼠标,绘制一个【动作按钮:后退或前一项】,释放鼠标,弹出【操作设置】对话框,选中【超链接到】单选钮,在下方的下拉列表中选择【上一张幻灯片】选项,单击【确定】按钮。单击【幻灯片放映】选项卡,单击【开始放映幻灯片】组中的【从头开始】,进入幻灯片放映状态,单击设置的【动作按钮:后退或前一项】按钮即可切换到上一张幻灯片。

图 5-10　在幻灯片中添加动作按钮

(五) 进阶操作

1. 在幻灯片中添加批注

审阅他人演示文稿时,可以利用批注功能提出修改意见。在幻灯片中添加批注的具体操作方法为:打开要设置的幻灯片文件,选中要添加批注的幻灯片,单击【插入】选项卡,在【批注】组中单击【批注】按钮,文档的右侧弹出【批注】窗格,可在【批注】框中输入批注内容。此时,幻灯片的左上角会出现一个批注标志,单击批注标志,可显示批注窗格。

2. 为幻灯片添加页码

通过添加编号,可以快速地为所有幻灯片添加页码,具体操作方法为:打开要设置的幻灯片文件,单击【插入】选项卡,单击【文本】组中的【幻灯片编号】组按钮,弹出【页眉和页脚】对话框,单击【幻灯片】选项卡,勾选【幻灯片编号】复选框,取消选中【标题幻灯片中不显示】复选框,单击【备注和讲义】选项卡,选中【页码】复选框,单击【全部应用】按钮即可在每张幻灯片的右下角添加页码。

（六）综合案例：制作企业文化宣传幻灯片

企业文化是一个企业的灵魂，代表着企业的组织文化、价值观、信念等特有的文化形象。使用 PowerPoint 2013 可以制作精美的企业文化宣传幻灯片，用于宣传企业文化，展现企业形象。

1. 编辑标题幻灯片

创建"企业文化宣传.pptx"，创建 6 张幻灯片，在左侧幻灯片窗格中选中第 1 张幻灯片，在主标题文本框中输入主标题"企业文化宣传"，在副标题文本框中输入副标题"上海xxx集团有限公司"。

2. 编辑目录幻灯片

选中第 2 张幻灯片，在标题文本框中输入标题【目录】，在目录内容文本框中输入目录内容。

3. 编辑普通幻灯片

选中第 3 张幻灯片，输入企业文化口号；选中第 4 张幻灯片，输入客户发展情况及表格数据；选中第 5 张幻灯片，在自选图形中输入企业文化的三个层次。

4. 编辑结尾幻灯片

通常情况下，结尾幻灯片会向观众予以致谢。选中第 6 张幻灯片，在文本框中输入"谢谢大家！"。

制作完成后的企业文化宣传幻灯片，如图 5-11 所示。

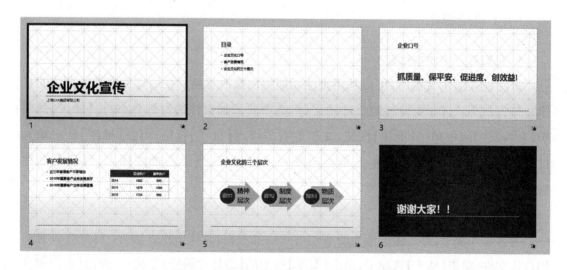

图 5-11　制作完成后的企业文化宣传幻灯片

5. 幻灯片制作需要注意的问题

（1）形式服从内容，根据内容定义幻灯片风格。

（2）字体与背景分离、鲜明，配色柔和舒服，顾及视觉感受，忌混淆不清。

（3）每张幻灯片设有题目标识，防止表达混乱。

（4）幻灯片的文字内容应尽量简练，多用图片进行描述说明。

二、PowerPoint 2013 的版式设计和美化

PowerPoint 2013 提供了"幻灯片母版"功能，使用幻灯片母版可以设置统一的幻灯片风格。本知识点将结合具体案例介绍幻灯片母版的设计方法，及幻灯片的美化方法。

知识点 44——
PowerPoint 2013
的版式设计
和美化

（一）设计幻灯片母版

一个完整且专业的演示文稿的内容、背景、配色和文字格式等都应统一设置。为了实现统一的设置，就需要使用幻灯片母版。本案例将使用图形和图片等元素设计标题幻灯片版式和 Office 主题母版。

1. 设计标题幻灯片版式

在演示文稿中，标题幻灯片版式常常作为封面和结束语。设计标题幻灯片版式的具体操作方法为：

打开"培训类幻灯片.pptx"，单击【视图】选项卡，在【母版视图】组中单击【幻灯片母版】按钮，进入【幻灯片母版】状态，在左侧的幻灯片窗格中选中【标题幻灯片版式：由幻灯片 1 使用】幻灯片。单击【插入】选项卡，在【图像】组中单击【图片】按钮，弹出【插入图片】对话框，从中选择素材文件"图片 1.jpg"，单击【插入】，在幻灯片中插入选中的"图片 1.jpg"，拖动鼠标调整图片的大小和位置，使其覆盖整张幻灯片。单击【插入】选项卡，在【插图】组中单击【形状】按钮，在弹出的下拉列表中选择【流程图：延期】选项，拖动鼠标在幻灯片中绘制一个【流程图：延期】图形。选中插入的图形，在【绘图工具】栏中，单击【格式】选项卡，在【排列】组中单击【旋转】按钮，在弹出的下拉列表中选择【水平翻转】选项，将选中的图形进行水平翻转使图形左侧形成圆弧。在【绘图工具】栏中，单击【格式】选项卡，在【形状样式】组中单击【形状填充】按钮，在弹出的下拉列表中选择【白色，背景 1】选项。设置完成后的标题幻灯片版式效果，如图 5-12 所示。

2. 设计 Office 主题母版

设计 Office 主题幻灯片母版，使演示文稿中的所有幻灯片具有与设计母版相同的样式效果，具体操作方法为：

在左侧的幻灯片窗格中选择【Office 主题 幻灯片母版：由幻灯片 1－6 使用】幻灯片。

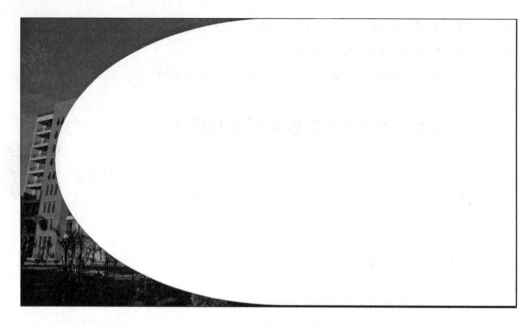

图 5-12　设置完成后的标题幻灯片版式

选中幻灯片中的所有文本框，单击【开始】选项卡，在【字体】组中单击【字体】右侧的下三角
按钮，在弹出的下拉列表中选择【黑体】。单击【插入】选项卡，在【图像】组中单击【图片】按
钮，弹出【插入图片】对话框，从中选择素材文件"图片 2.jpg"，单击【输入】按钮，在幻灯片中
插入选中的【图片 2.jpg】，拖动鼠标将其移动到幻灯片的右上角。单击【插入】选项卡，在
【插图】组中单击【形状】按钮，在弹出的下拉列表中选择【矩形】选项，拖动鼠标在幻灯片中绘
制一个【长条矩形】。在【绘图工具】栏中，单击【格式】选项卡，在【形状样式】组中单击【形状填
充】按钮，在弹出的下拉列表中选择【浅蓝】选项。设置完毕，单击【幻灯片母版】选项卡，在【关
闭】组中单击【关闭母版视图】按钮，设计完成后的 Office 主题母版效果，如图 5-13 所示。

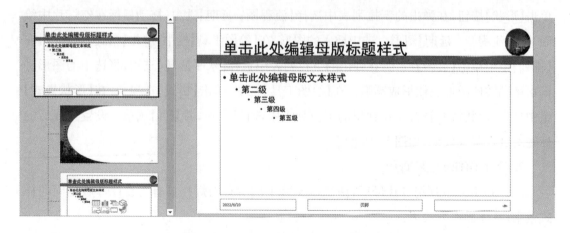

图 5-13　设计完成后的 Office 主题母版

（二）PPT 的设计和美化技巧

专业、精美的 PPT 赏心悦目，能够引起观众的共鸣，具有极强的说服力。下面将从 PPT 设计理念、文字、表格、图片、图表、逻辑、演示等方面介绍 PPT 的设计和美化技巧。

1. PPT 的设计理念

（1）PPT 的目的在于有效沟通。成功的 PPT 不仅能够吸引观众的注意力，更能实现 PPT 与观众之间的有效沟通。简洁的文字、形象化的图片、逻辑化的思维，都是为了与观众之间建立有效的沟通。

（2）PPT 应具有视觉化效果。在认知过程中，视觉化的事物往往能增强表象、记忆与思维等方面的反应强度，如个性的图片、简洁的文字、专业清晰的模板，更具吸引力和说服力。

（3）PPT 应逻辑清晰。逻辑化的事物通常更具条理性和层次性，更便于观众接受和记忆。

2. PPT 的文字设计

条理清晰是 PPT 传递信息的关键。不同的字体有不同的效果，PowerPoint 2013 默认的中文字体是宋体，常用的字体包括宋体、黑体、微软雅黑、华文中宋等。用于演示的 PPT 最小字体建议不小于 18 号，用于阅读的最小字体建议不小于 12 号。为了使幻灯片视觉化效果更佳，用户可以通过加大字号、给文字着色及给文字配图等方法增强文字的可读性。

3. PPT 的图片设计技巧

文不如表，表不如图，PPT 尽量少用文字，多用图片，已成为设计 PPT 的不二法则。图片的视觉冲击力远强于文字，不同的图片视觉效果也有强有弱。PowerPoint 2013 提供了多种图片处理功能，如裁剪、快速样式、图片版式、删除背景、图片颜色、图片更正等，用活用好这些功能，就能制作出精美的 PPT。

4. PPT 的表格设计技巧

商务报告中通常会出现大量的段落或数据，表格是组织文字和数据的最优选择。PowerPoint 2013 提供了多种表格样式，用户可以根据需要选用。除了应用样式，用户还可以通过加大字号、给文字着色、添加标记、背景反衬等方式突出关键字，美化表格。

5. PPT 的图形设计技巧

图形是 PPT 设计中的重要工具。用户既可以直接使用 Office 2013 提供的各种形状和 SmartArt 图形，又可以根据需要设计多样化的个性图形。绘图是幻灯片设计中的一项基本功，PowerPoint 2013 提供了各式各样的图形和形状样式，可以帮助用户快速成为绘图高手。通过图形之间的组合排列和层次布局，用户可以制作出完整而精美的幻灯片。

6. PPT 的图表设计技巧

图表是数据的形象化表达,可以使数据更具可视化效果,展示的不仅是数据,还有数据的发展趋势。PowerPoint 2013 提供了多种图表类型,如折线图、饼图、柱形图等,通过使用图表布局、图表样式、更改颜色等功能,可以设计出精美的图表。

(三) PPT 排版技巧与应用

1. 选择幻灯片的板式结构

新建幻灯片时,可以根据需要选择带有版式结构的幻灯片,具体操作方法为:在左侧的幻灯片窗格中,单击【开始】选项卡,在【幻灯片】组中单击【新建幻灯片】按钮;在弹出的下拉列表中选择【比较】版式选项,插入一个新幻灯片,并自动应用选中的幻灯片版式。

2. 设置每张纸上打印幻灯片的数量

打印演示文稿时,用户可以根据需要设置每页幻灯片数,具体操作方法为:执行【打印】命令,进入打印界面,在【设置】组中的【幻灯片张数】下拉列表中选择【6 张水平放置的幻灯片】选项,可在右侧的预览区域查看打印预览效果,如图 5-14 所示。

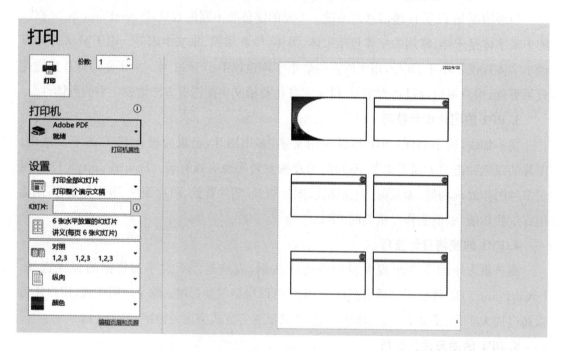

图 5-14　打印预览效果

3. 打印幻灯片时的色彩选择

打印演示文稿中的幻灯片时,不但能够设置幻灯片的数量,还可以选择幻灯片的颜色,具体操作方法为:执行【打印】命令,进入打印界面,在【设置】组中的【幻灯片颜色】下拉列表中选择【颜色】选项，即可在右侧的预览区域查看带有颜色的幻灯片预览效果，如图5-14所示。

4. 更改幻灯片的大小

PowerPoint 2013 中的幻灯片大小包括标准（4:3）、宽屏（16:9）和自定义大小三种情况。默认的幻灯片大小是宽屏（16:9），要更改幻灯片大小操作方法如下：打开本案例的原始文件，单击【设计】选项卡，在【自定义】组中单击【幻灯片大小】按钮，在弹出的下拉列表中选择【标准（4:3）】选项。弹出【Microsoft PowerPoint】对话框，选择【确保适合】选项，将幻灯片大小更改为【标准（4:3）】。

5. 使用参考线对齐对象

在 PPT 中，参考线能够帮助用户快速设置图形、图片等对象的对齐。使用参考线对齐图片的具体操作方法为：打开 PPT 文件，单击【视图】选项卡，在【显示】组中勾选【参考线】复选框，此时幻灯片中显示参考线，拖动图片，根据参考线设置。

6. 更改主题模板

如果对主题效果不满意，可以使用【变体】功能更改主题的颜色、字体、效果等，具体操作如下：打开 PPT 文件，单击【设计】选项卡，在【变体】组中选中一种变体选项，如选择【红色变体】，演示文稿中的幻灯片就会应用选中的【变体】。

7. 使用取色器

PowerPoint 2013 提供"取色器"功能，可以从幻灯片的图片、形状等元素中提取颜色，并将提取的颜色应用到幻灯片元素中。使用取色器提取并匹配幻灯片颜色的具体操作方法为：打开 PPT 文件，选中幻灯片中的图片，单击【开始】选项卡，在【绘图】组中单击【形状填充】按钮，在弹出的下拉列表中选择【取色器】选项。此时，鼠标指针变成一个画笔，当鼠标指针在不同颜色周围移动时，将显示颜色的实时预览，还可以查看 RGB（红、绿、蓝）颜色坐标。单击所需颜色，将选中的颜色添加到【最近使用的颜色】组中。选中幻灯片中的任意对象，在【最近使用的颜色】组中单击提取的颜色将其应用到新的对象中。

（四）综合案例：巧用主题设计自己的 PPT

PowerPoint 2013 提供了多种多样的主体模板，用户可以根据需要应用主题，进行简单的版式设计。

1. 创建空白演示文稿

启动 PowerPoint 2013 程序，进入新建模板界面，双击【空白演示文稿】选项，创建一个名为"演示文稿 1"的空白演示文稿。

2. 应用演示文稿主题

PowerPoint 2013 提供了多种演示文稿主题样式，在幻灯片中应用主题样式，可以改变 PPT 的整体风格，操作方法为：单击【设计】选项卡，在【主题】组中单击【其他】按钮，在弹出的主题界面中选择【平面】选项。

3. 更改幻灯片母版

对主题中提供的图片和字体不满意，可以在幻灯片母版中进行更改。单击【视图】选项卡，在【母版视图】组中单击【幻灯片母版】按钮，进入母版视图状态，选中【Office 主题幻灯片母版】，按住【Ctrl】键，选中所有文本框，将字体统一设置为"微软雅黑"，设置完毕，单击【幻灯片母版】选项卡，在【关闭】组中单击【关闭母版视图】按钮，所有文本框中的字体就统一设置成"微软雅黑"。

4. 插入新的幻灯片

默认情况下，新建的演示文稿中只有一张幻灯片，插入新幻灯片的具体操作方法为：单击【开始】选项卡，在【幻灯片】组中单击【新建幻灯片】按钮，在弹出的下拉列表中选择【标题和内容】选项，插入一张【标题和内容】样式的新幻灯片，可以使用同样的方法插入其他类型的幻灯片。

三、PowerPoint 2013 设置动画与播放

PowerPoint 2013 提供了强大的动画设计功能，可以帮助用户制作出更具吸引力的动画效果的演示文稿。本知识点学习如何为演示文稿添加动画和并放映演示文稿。

知识点 45——
PowerPoint 2013
设置动画与播放

（一）设置动画和交互效果

PowerPoint 2013 提供了包括进入、强调、路径退出及页面切换等多种形式的动画效果，为幻灯片添加这些动画特效，可以使 PPT 呈现和 Flash 动画一样的炫动效果。

1. 设置进入动画

进入动画可以实现多种对象从无到有、陆续展现的动画效果。具体操作方法为：打开 PPT 文件，选中要设置的对象，单击【动画】选项卡，在【动画】组中单击【其他】按钮，在弹出的下拉列表中的【进入】组中选择【飞入】选项，如图 5-15 所示。此时，选中的对象就会应用"飞入"动画，并在幻灯片中显示动画编号。

2. 设置强调动画

强调动画是通过"放大""缩小""闪烁""陀螺旋"等方式突出显示对象和组合的一种动

画。可以在添加完进入动画的基础上，为标题文本框添加强调动画，具体操作方法为：打开 PPT 文件，选中要设置的对象，单击【动画】选项卡，在【高级动画】组中单击【添加动画】按钮，在弹出的下拉列表中的【强调】组中选择【放大/缩小】选项，如图 5-16 所示。此时选中的对象就会应用【放大/缩小】的强调动画，并在幻灯片中显示动画编号。

图 5-15　设置进入动画效果

图 5-16　设置强调动画效果

3. 设置退出动画

退出动画是让对象从有到无、逐渐消失的一种动画效果，实现换面的连贯过渡，是不可或缺的动画效果。设置退出动画的操作方法为：打开 PPT 文件，选中要设置的对象，单击【动画】选项卡，在【动画】组中单击【其他】按钮，在弹出的下拉列表中的【退出】组中选择【飞出】选项，如图 5-17 所示。此时选中的对象就会应用【飞出】的退出动画，并在幻灯片中显示动画编号。

4. 设置路径动画

路径动画是让对象按照绘制的路径运动的一种高级动画效果。设置路径动画的操作方法为：打开 PPT 文件，选中要设置的对象，单击【动画】选项卡，在【动画】组中单击【其他】按钮，在弹出的下拉列表中的【动作路径】组中选择【六边形】选项，如图 5-18 所示。设置完毕，在放映幻灯片时，组合图形就会按照选中的【六边形】路径进行运动。

图 5-17　设置退出动画效果

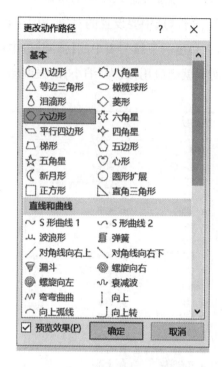

图 5-18　设置路径动画效果

5. 测试动画

为幻灯片添加动画效果后,可以单击【动画】选项卡下【预览】选项组中的【预览】按钮,验证添加的动画效果是否达到预期效果。具体操作方法为:单击【预览】按钮下方的下拉按钮,弹出的下拉列表中包含【预览】和【自动预览】两个选项,单击【自动预览】选项,每次为对象添加或更改动画后均可自动预览动画效果。

6. 删除动画

为对象创建动画效果后,可根据需要删除动画。删除动画的方法有以下两种:

(1)使用【动画】选项卡,单击【动画】选项卡下【动画】选项组中的【其他】按钮,在弹出的下拉列表【无】区域选择【无】选项。

(2)使用【动画】窗格,单击【动画】选项卡下【高级动画】选项组中的【动画窗格】按钮,在弹出的【动画窗格】中单击要删除的动画右侧的下拉按钮,在弹出的下拉列表中选择【删除】选项。

7. 设置切换动画

页面切换动画是幻灯片之间进行切换的一种动画效果,添加页面切换动画可以轻松实现幻灯片之间的自然切换。设置切换动画的具体操作方法为:打开 PPT 文件,选中要设置的幻灯片,单击【切换】选项卡,在【切换到此幻灯片】组中单击【切换样式】按钮,在弹出的下拉列表中选择一种切换方式,这里选择【百叶窗】选项,如图 5-19 所示。单击【切换】选项卡下【切换到此幻灯片】选项组中的【效果选项】按钮,在弹出的下拉列表中选择【垂直】效果。单击【切换】选项卡下【计时】选项组中【声音】按钮右侧的下拉按钮,在其下拉列表中选择【疾驰】选项,在切换幻灯片时会自动播放该声音。放映幻灯片时,切换效果设置为"垂直百叶窗"效果,同时伴有"疾驰"声效。

图 5-19　设置切换动画效果

(二) 动画操作技巧

1. 使用动画刷设置动画

PowerPoint 2013 提供了【动画刷】功能,与 Word 中【格式刷】一样,可以将源对象的动画复制到目标对象上面,具体的操作方法为:打开 PPT 文件,选中要复制的动画对象,单击【动画】选项卡,在【高级动画】组中单击【动画刷】按钮,此时鼠标指针变成刷子形状,在目标对象上单击鼠标左键,可将该动画复制到选中的目标对象上。

2. 调整动画顺序

对幻灯片中的对象定义动画后,每个对象的动画都会有一个编号,这个编号代表动画在播放时的先后顺序,用户可以通过【向前移动】和【向后移动】按钮调整动画顺序,具体操作方法为:打开 PPT 文件,单击【动画】选项卡,在【高级动画】组中单击【动画窗格】按钮,此时在窗口右侧弹出【动画窗格】,在【动画窗格】中选择要移动的动画,在【计时】组中单击【向前移动】按钮,即可向前移动一个位置;根据需要可多次单击【向前移动】或【向后移动】按钮,调整动画顺序。

3. 设置动画的开始时间

PowerPoint 2013 中动画的开始时间主要包括【单击开始】【从上一项开始】和【从上一项之后开始】三种情况,默认开始时间是【单击开始】,更改动画开始时间的具体操作方法为:打开 PPT 文件,在【动画窗格】中选中要设置的动画,单击鼠标右键,在弹出的快捷菜单中选择【从上一项开始】命令,此时,选中的动画就会和上一动画【动画 2】同时开始播放。在【动画窗格】中选中【动画 2】,单击鼠标右键,在弹出的快捷菜单中选择【从上一项之后开始】命令,此时,选中的动画就会在上一动画播放结束后开始播放。

(三)幻灯片的演示与发布

本小节介绍幻灯片的放映方法及自动放映的设置技巧。

1. 设置幻灯片放映

在放映幻灯片的过程中,放映者可能对幻灯片的放映类型、放映选项、放映幻灯片的数量和换片方式等有不同的需求,为此,可以对其进行相应的设置,具体操作方法为:打开 PPT 文件,单击【幻灯片放映】选项卡,在【设置】组中单击【设置幻灯片放映】按钮,弹出【设置放映方式】对话框,选中【如果存在排练时间,则使用它】单选钮,单击【确定】按钮,如图 5-20 所示。

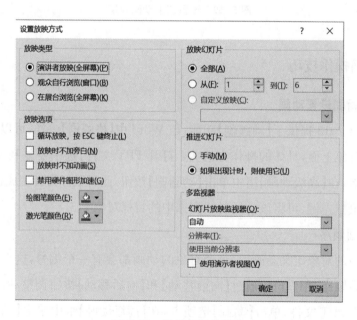

图 5-20　设置幻灯片放映

2. 放映幻灯片

放映者可从头开始放映幻灯片,也可从当前幻灯片开始放映幻灯片。具体操作方法为:单击【幻灯片放映】选项卡,单击【开始放映幻灯片】组中的【从头开始】,进入幻灯片放映状态,从首页开始放映幻灯片,单击鼠标即可切换到下一张幻灯片。选中任意一张幻灯片,单击【幻灯片放映】选项卡,单击【开始放映幻灯片】组中的【从当前幻灯片开始】按钮,进入幻灯片放映状态,单击鼠标可切换到下一张幻灯片。

3. PPT 自动演示

PPT 自动演示时必须首先设置排练计时,然后放映幻灯片,PPT 自动演示的具体操作方法为:单击【幻灯片放映】选项卡,单击【设置】组中的【排练计时】按钮,进入排练计时状态,并弹出【录制】对话框,录制完毕,单击【关闭】按钮,弹出【Microsoft PowerPoint】对话框,单击【是】按钮,按【F5】键,可进入从头开始放映状态,此时演示文稿中的幻灯片就会根据排练计时录制的时间进行自动放映。

4. 录制幻灯片

制作者对 PowerPoint 2013 的注释可以使用录制幻灯片演示功能记录下来,大大提高 PowerPoint 2013 幻灯片的互动性。

具体操作方法为:单击【幻灯片放映】选项卡下【设置】选项组中的【录制幻灯片演示】按钮下方的下拉按钮,在弹出的下拉列表中选择【从头开始录制】或【从当前幻灯片开始录制】选项,弹出【录制幻灯片演示】对话框,默认勾选【幻灯片和动画计时】复选框,可以根据需要进行选择,然后单击【开始录制】按钮,幻灯片开始放映并自动计时,幻灯片放映结束时,幻灯片录制结束,并弹出【Microsoft PowerPoint】对话框,单击【是】按钮,返回到演示文稿窗口,单击【视图】选项卡下【演示文稿视图】选项组中的【幻灯片浏览视图】按钮,切换至幻灯片浏览视图界面,在该窗口中显示了每张幻灯片的演示计时时间。

(四) 综合案例——制作产品推广方案

1. 制作首页幻灯片

知识点 46——
Office 2013 的
实用技巧

新建幻灯片,并将其保存为"产品推广方案.pptx"。单击【设计】选项卡下【主题】选项组中的下拉按钮,在弹出的下拉列表中选择一种主题样式,在【单击此处添加标题】文本框中输入推广方案的名称,同时选中输入的文字,在【开始】选项卡的【字体】选项组中设置【字体】为"宋体",【字号】为"54",【颜色】为"白色,背景 1",使用同样的方式输入并设置符标题。

2. 制作计划主旨幻灯片

新建一张空白幻灯片,单击【插入】选项卡下【文本】选项组中的【文本框】按钮,在弹出的下拉列表中选择【横排文本框】选项。在空白幻灯片中按住鼠标左键拖曳一个文本框,并在文本框中输入"计划主旨",然后在【开始】选项卡的【字体】选项组中设置【字体】为"宋体",【字号】为"40",【颜色】为"深红"。创建横排文本框,输入"计划主旨"文本信息,单击【格式】选项卡下【形状样式】选项组中的【形状轮廓】按钮,在弹出的下拉列表中选择【深蓝,背景2】选项。重复以上步骤,添加"活动方案"文本,在幻灯片中绘制圆形,单击【格式】选项卡下【形状样式】选项组中的形状填充按钮,在弹出的下拉列表中选择【无填充颜色】选项,单击【格式】选项卡下【形状样式】选项组中的【形状轮廓】按钮,在弹出的下拉列表中【标准色】区域选择【黄色】选项,【粗细】列表中选择【3磅】。在上一步绘制的图形中添加新文本框,并设置文本框边框的颜色,输入"平台推广"文本。使用同样的方式完成其他活动方案的输入。分别选中文本框和圆形,单击【格式】选项卡下【排列】选项组中的【组合对象】按钮,在弹出的下拉列表中单击【组合】选项,使用同样的方式制作其他幻灯片页面并添加超链接。

选中第2张幻灯片中的"平台推广",单击【插入】选项卡【链接】选项组中的【超链接】按钮,在弹出的【插入超链接】对话框中设置链接,单击【确定】按钮,即可为其添加超链接,同样为其他文本添加超链接并添加动画效果。

选中第1张幻灯片中的标题,单击【动画】选项卡下【动画】选项组中【动画样式】右侧的其他按钮,在弹出的下拉列表中为标题设置动画效果,此处选择【浮入】效果,选择第2张幻灯片中的标题,单击【切换】选项卡下【切换到此幻灯片】选项组右侧的下拉按钮,在弹出的下拉列表中选择【日式折纸】效果。按照相同方法,可为幻灯片的其他内容添加动画效果和切换效果。

制作完成后的产品推广方案,如图5-21所示。

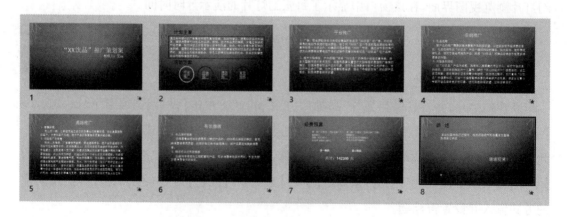

图5-21 制作完成后的产品推广方案

习 题 五

一、选择题

1. PowerPoint 2013 中，对幻灯片进行保存、打开、新建、打印等操作时，应在（　　）选项卡中操作。

A. 文件　　　　　　B. 开始　　　　　　C. 设计　　　　　　D. 审阅

2. PowerPoint 2013 中，在幻灯片中插入表格、图片、艺术字、视频、音频等元素时，应在（　　）选项卡中操作。

A. 文件　　　　　　B. 开始　　　　　　C. 设计　　　　　　D. 插入

3. 在幻灯片浏览视图窗格中，无法进行以下哪项操作。（　　）

A. 插入幻灯片　　　　　　　　　　B. 删除幻灯片

C. 改变幻灯片的顺序　　　　　　　D. 编辑幻灯片中的占位符的位置

4. PowerPoint 2013 演示文稿的扩展名是（　　）。

A. ppt　　　　　　B. pptx　　　　　　C. xslx　　　　　　D. docx

5. 要进行幻灯片页面设置、主题选择，可以在（　　）选项卡中操作。

A. 文件　　　　　　B. 开始　　　　　　C. 设计　　　　　　D. 插入

6. 从当前幻灯片开始放映幻灯片的快捷键是（　　）。

A. Shift＋F5　　　　　　　　　　B. Shift＋F4

C. Shift＋F3　　　　　　　　　　D. Shift＋F2

7. 从第一张幻灯片开始放映幻灯片的快捷键是（　　）。

A. F2　　　　　B. F3　　　　　C. F4　　　　　　D. F5

8. 超级链接只有在（　　）视图中才能被激活。

A. 幻灯片　　　　　　　　　　　B. 大纲

C. 幻灯片浏览　　　　　　　　　D. 幻灯片放映

9. 要设置幻灯片的切换效果以及切换方式时，应在（　　）选项卡中操作。

A. 动画　　　　　　B. 开始　　　　　　C. 设计　　　　　　D. 切换

10. PowerPoint 2013 文档放映的扩展名为（　　）。

A. pptx　　　　　　B. potx　　　　　　C. ppzx　　　　　　D. ppsx

二、判断题

1. PowerPoint 2013 文件的默认扩展名为 PPT。　　　　　　　　　　　（　　）

2. 利用 PowerPoint 可以制作出交互式幻灯片。 （　　）

3. 演示文稿中的幻灯片版式必须一样。 （　　）

4. PowerPoint 使用模板可以为幻灯片设置统一的外观样式。 （　　）

5. 在 PowerPoint 中，只能同时打开一份演示文稿。 （　　）